山地大宗蔬菜高效栽培原理与关键技术

SHANDI DAZONG SHUCAI GAOXIAO ZAIPEI
YUANLI YU GUANJIAN JISHU

关晓溪 著

U0245963

中国农业出版社
北 京

图书在版编目（CIP）数据

山地大宗蔬菜高效栽培原理与关键技术 / 关晓溪著 .
—北京：中国农业出版社，2021.3
　　ISBN 978-7-109-27907-0

　　Ⅰ.①山… 　Ⅱ.①关… 　Ⅲ.山地－蔬菜园艺 　Ⅳ.
①S63

中国版本图书馆 CIP 数据核字（2021）第 022618 号

中国农业出版社出版
地址：北京市朝阳区麦子店街 18 号楼
邮编：100125
责任编辑：冀　刚
版式设计：王　晨　　责任校对：沙凯霖
印刷：北京万友印刷有限公司
版次：2021 年 3 月第 1 版
印次：2021 年 3 月北京第 1 次印刷
发行：新华书店北京发行所
开本：700mm×1000mm　1/16
印张：10.5
字数：200 千字
定价：48.00 元

前　言

　　《全国农业现代化规划（2016—2020年）》提出，要"以优势特色农业为主攻方向，突出改善生产设施""建设特色产品基地""保护与选育地方特色农产品品种""推广先进适用技术，提升加工水平，培育特色品牌"。贵州省"十三五"规划把建设现代山地特色高效农业作为重要内容提出，将其作为本省攻坚扶贫的重大举措。因而，政策主线围绕实现地方特色农业发展，建立优势产品培育基地，研发本土适用技术制定和实施。贵州省出台了《关于加快推进现代山地特色高效农业发展的意见》、《农业产业裂变发展规划》（12个）、《500亩以上坝区农业产业结构调整实施方案》等一系列规划和政策文件。贵州省秉承优势产业优先发展，优势品种率先突破，推动蔬菜、茶、食用菌、中药材等12个特色优势产业实现裂变式发展。以500亩以上坝区为主抓手，大力支持重点产业和优势品种实现率先突破，加快形成"专业化、精细化、特色化"的产业发展格局。探索适应低纬度、高海拔、寡日照的贵州喀斯特山地蔬菜种植关键技术成为亟待解决的问题。

　　贵州是全国唯一没有平原支撑的农业大省，发育典型的喀斯特地貌，优质耕地数量少、面积小且地块零碎。由于特殊的地貌形态和成土环境导致其成土物质少、土壤瘠薄、间断，因此在蔬菜生产过程中常受制于养分胁迫（包括低氮胁迫、低钾胁迫、低磷胁迫等）。同时，黄壤作为遵义市喀斯特地区主要的农业土壤类型，具有质地黏重、比水容量小、易发生水土流失的特征；加之降水季节分配不均，年际变化大，地形崎岖，取水困难，灌溉不便，导致季节性缺水和工程性缺水等干旱胁迫问题的出现。此外，基于有限耕地重茬种植问题，根据绿色生产要求，对土传病虫害的有效防治也成为高效栽培的重要环节。同时，贵州也是我国太阳辐射和日照时数最少的地区之一，受其地形和静止锋的影响，长期阴雨雾天导致光照不足。育苗是作物栽培的关键环节，秧苗质量的优劣直接关系到蔬菜的生长发育、产量和质量，也成为作物早熟、高产、高效和优质的保障；贵州省大部分育苗棚以中小拱棚为主，兼有部分大棚，目前尚缺乏特色蔬菜系统性的育苗措施。

本书在整理贵州山地农业发展基础和现状的基础上，分析蔬菜发展途径，明确贵州山地蔬菜产业概况；结合贵州蔬菜产业发展背景和地域特点，重点围绕贵州特色辣椒以及茄子、大白菜、萝卜和菜豆等大宗优势单品，针对茄科、十字花科以及豆科蔬菜，从播种育苗技术、水肥管理技术、病虫害防治技术、光照调控技术以及土壤耕作几个方面的基本原理和关键技术进行阐述与分析；通过整理和分析贵州省内外山地蔬菜种植技术案例，为贵州大宗蔬菜的品种选择和实用技术挖掘提供借鉴及参考。针对贵州特色蔬菜的高产高效技术要求，汲取省内外最新的研究和实践经验，总结相应栽培原理和技术。在系统掌握贵州省农业产业的大背景下，分析山地蔬菜产业形势，提出适应贵州喀斯特山地的大宗特色蔬菜绿色高效栽培关键技术，为贵州优质蔬菜产业持续健康发展提供支撑。

本书主要依托以下项目共同资助完成：贵州省科技计划项目"贵州'高端化、绿色化、集约化'山地特色高效农业机制"（黔科合支撑〔2018〕20104）、遵义市创新人才团队培养项目"遵义市喀斯特土壤特色蔬菜高效栽培创新人才团队"（遵市科人才〔2019〕7 号），以及遵义市科技局、遵义师范学院联合科技研发资金项目"遵义市设施大棚高效低成本工厂化育苗关键技术研究"（遵师科合 LH 字〔2018〕10 号）。

本书适用于农业工作者，尤其是从事山地农业发展研究和蔬菜栽培技术的科研人员阅读。本书参考大量国内外学者的最新研究文献和著作，恕在书后仅能列举主要部分，在此一并表示由衷感谢。由于时间和能力水平有限，书中疏漏之处在所难免，请广大读者朋友批评指正。

著 者

2020 年 9 月

目　录

目　录

1 | 贵州山地蔬菜发展基础

1.1 贵州山地农业发展基础分析

1.1.1 自然资源基础

贵州处于亚热带湿润季风气候区，水热资源丰富，有效性高，属丰产型气候地区。气温变化小，冬暖夏凉，降水较多，阴雨多，日照少。2014—2018年资料显示，年平均气温16.2℃，年降水量1 295.14毫米，年日照时数1 138.1小时，年平均相对湿度80.38%（表1.1）。贵州农业用水大部分来自河流、水库。2013—2017年统计数据显示，地表水资源量1 048.772亿立方米，地下水资源量264.872亿立方米，人均水资源量2 974.174立方米，丰富的水资源为农作物的优质、稳产、高产奠定了基础（表1.2）。

表1.1 2014—2018年贵州气候条件

指标	2018年	2017年	2016年	2015年	2014年	平均值
年平均气温（℃）	16	16.3	16.4	16.4	15.9	16.2
年降水量（毫米）	1 233	1 221.6	1 268.8	1 362	1 390.3	1 295.14
年日照时数（小时）	1 182.8	1 163.8	1 214.8	1 049.4	1 079.7	1 138.1
年平均相对湿度（%）	80	79.8	79.9	81.5	80.7	80.38

表1.2 2013—2017年贵州水资源量情况

指标	2017年	2016年	2015年	2014年	2013年	平均值
地表水资源量（亿立方米）	1 051.5	1 066.1	1 153.7	1 213.12	759.44	1 048.772
地下水资源量（亿立方米）	260.8	251.3	282.2	294.43	235.63	264.872
人均水资源量（立方米）	2 947.44	3 009.46	3 278.7	3 461.12	2 174.15	2 974.174

贵州宜林、宜牧地广阔，是多种植物区地理成分汇聚地，生物资源丰富。除热带作物类外，全国的农作物、果树、蔬菜、畜禽种类，贵州都有，药用植物种类尤其丰富。贵州是全国较重要的自然灾害发生最少的地区：无台风，无沙尘暴，无特大旱灾，又无特大洪灾。此外，由于工业化程度低，环境相对较清洁。贵州能源资源丰富，乌江、南盘江、红水河、清水江等水能资源丰富，是西电东送供广东的主力省（表1.3）。

表1.3 主要河流（省内部分）主要特征值

水系	流域面积（平方公里）	河长（千米）	平均坡降（‰）
长江流域			
赤水河	11 341	442	1.52
乌江	66 798	993	1.02
清水江	30 252	1 053	0.49
洪州河	1 129	285	0.87
舞阳河	6 505	446	0.99
锦江	4 045	309	1.16
松桃河	1 427	191	1.55
松坎河	2 332	223	1.37
牛栏江	2 010	447	4.35
横江（洛泽河）	2 944	340	4.18
珠江流域			
南盘江	7 651		
北盘江	20 953	456	2.61
红水河	15 978		
都柳江	15 676	743	0.43
打狗河	4 206	392	1.40

注：资料来源于贵州省水利厅。

贵州地貌属于中国西南部高原山地，境内地势西高东低，自中部向北、东、南三面倾斜，平均海拔在1 100米左右。贵州素有"八山一水一分田"之名，属于高原山地地貌。贵州作为一个典型的山区省份，其山地面积占据了全省土地总面积的90%以上。山地，不仅是贵州人民赖以生存的空间，也是农业生产的主要作业空间。贵州省"十三五"规划把建设现代山地特色高效农业作为重要内容提出，将其作为本省攻坚扶贫的重大举措。贵州海拔 1 000 米以上的地区，一般热量条件并不十分丰富，日照偏少，加之水利灌溉条件较差，作物的丰歉又主要取决于天然降水的多寡，从而影响了光、热资源的利用。特别是高寒山区的毕节和六盘水等地，夏季雨水较多、气温偏低、日照偏少，从而影响农作物的增产。从另一个角度出发，山地的阻隔作用，有利于切断病虫害大面积传播，也为贵州发展绿色农业生产奠定了有利基础。

长期以来，贵州也存在很多资源环境方面的限制性因素，光照和土壤条件的匮乏是关键性制约因素。贵州是全国唯一没有平原支撑的农业大省，发育典型的喀斯特地貌，占全省国土总面积的一半以上，优质耕地数量少、面积小且地块零碎，并将继续减少。同时，贵州也是我国太阳辐射和日照时数最少的地区之一，受其地形和静止锋的影响，长期阴雨雾天，导致光照不足、光周期过短。有限的耕地面积如种植密度过大，使枝叶徒长，也进一步加剧了光照不足。此外，由于过度开垦导致生态脆弱，水土流失较严重，人口增长较快，土地资源承载巨大压力。另外，很多历史基础问题对资源环境开发的制约作用正日益凸显出来。贵州经济发展滞后，农业结构较单一，农业劳动生产率低；交通不便，影响信息获取；农村二三产业发展刚处于起步阶段。根据贵州省委提出的"环境立省"目标，结合省情、县情、乡情和经济社会发展的需要，遵循因地制宜、合理配置、优化选择的原则是现有资源开发和环境优化的重中之重。探索适应贵州低纬度、高海拔、寡日照特征下山地高效农业发展模式，是当下亟待解决的问题。

目前，贵州急需分析制约因素，利用资源优势，积极谋划对策。首要任务是稳定耕地面积，提高耕地质量和耕地综合生产能力；其次是增强蓄水能力，发展节水灌溉农业；最后是根据本省的地域性气候资源特点，挖掘适宜的植物资源。另外，贵州也正陆续将中草药和野生植物的开发提上日程。贵州推进的特色农业群，如辣椒、酒用高粱、茶叶等植物资源，都存在深入挖掘和推广的价值。

1.1.2 经济发展基础

近年来，贵州充分利用国家西部大开发给予的倾斜政策以及资金、人才、技术、制度等方面的支持，按照以工促农、以城带乡、城乡一体、工农互动的发展思路，以改革为动力，以市场为导向，以持续大幅提高人民收入为核心，以结构调整为主线，优化产业布局，科学规划、合理开发丰富的自然资源，加快实施优势资源转换战略，使资源优势尽快有效地转换成市场优势，不断开拓农民增收的新方向、新渠道，使贵州经济持续、快速发展，各项社会事业蓬勃发展，人民生活水平不断提高。近年来，贵州农林牧渔业固定资产投资不断攀升，为特色山地农业进一步发展壮大，合理调整特色农业产业结构和布局，加快特色农业加工转换及产业化进程，提供了强有力的资金支持，奠定了坚实的经济基础。

2017 年，贵州地区生产总值占全国的 1.6%，人均地区生产总值占全国比重为 63.6%，其中第一产业增加值占比 3.1%，高于第二、三产业（表 1.4）。2013—2017 年，贵州地区生产总值连续 5 年保持增长。2017 年达到 13 540.83 亿元，较 2016 年保持两位数增长（14.8%）。其中，2017 年第一产业增加值 2 032.27 亿元，较 2016 年增加 9.2%，第二产业增加值 5 428.14 亿元，第三产业增加值 6 080.42 亿元（表 1.5）。地区生产总值构成基本稳定，第三产业＞第二产业＞第一产业，第一产业占比稳步提升，2017 年达 15%，三次产业结构比重为 15∶40∶45（表 1.5）。从地区生产总值构成来看，第一产业比重仍然较高，农业发展水平还比较低，农业在贵州国民经济发展的基础地位不可动摇（图 1.1）。根据 GDP 增速×（报告期三次产业增加值－基期三次产业增加值)/(报告期 GDP－基期 GDP），计算三次产业对地区生产总值增长的拉动。第二、三产业对贵州生产总值增长的拉动作用较强，而近年来第三产业基本保持稳定，第二产业逐渐下滑，第一产业对地区生产总值的拉动作用正逐年稳步提高（图 1.2）。

表 1.4　2017 年贵州经济社会主要指标以及占全国比重

指标	全国	贵州	贵州占全国比重（%）
地区生产总值（亿元）	827 122	13 540.83	1.6
第一产业增加值（亿元）	65 468	2 032.27	3.1
第二产业增加值（亿元）	334 623	5 428.14	1.6

（续）

指标	全国	贵州	贵州占全国比重（%）
第三产业增加值（亿元）	427 032	6 080.42	1.4
人均地区生产总值（元）	59 660	37 956	63.6

表 1.5　2013—2017 年贵州地区生产总值

指标	2013 年	2014 年	2015 年	2016 年	2017 年	2017 年比 2016 年增长（%）
地区生产总值（亿元）	8 116.34	9 300.52	10 541.00	11 792.35	13 540.83	14.8
第一产业增加值（亿元）	999.34	1 281.52	1 641.99	1 861.81	2 032.27	9.2
第二产业增加值（亿元）	3 297.30	3 882.17	4 175.24	4 669.53	5 428.14	16.2
第三产业增加值（亿元）	3 819.70	4 136.83	4 723.77	5 261.01	6 080.42	15.6

图 1.1　2013—2017 年贵州地区生产总值构成（%）

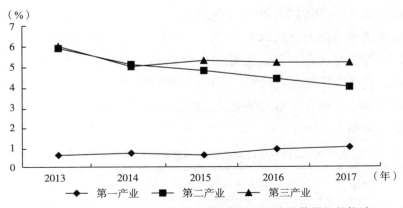

图 1.2　2013—2017 年三次产业对贵州地区生产总值增长的拉动

　　贵州第一产业法人单位数随总数逐年增加（图 1.3）。从就业人员情况来看，非私营单位第一产业在岗人员占比就业人员 90％ 以上。其中，国有单位人员占比七成以上，集体单位占比最小（表 1.6）。

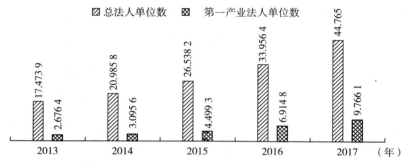

图 1.3　2013—2017 年贵州法人单位数（万个）

表 1.6　2017 年贵州非私营单位第一产业就业和在岗年末人数（人）

指标	就业人员	国有单位	集体单位	其他单位
就业	10 242	7 465	96	2 681
在岗	9 395	6 729	96	2 570

1.1.3　农业投入基础

　　农业基础投入是推动农业产业发展的重要环节。就农业耗能来看，农村用电量从 2013 年的 61.89 亿千瓦时逐年增加到 2017 年的 95.11 亿千瓦时，农用机械总动力也从 2013 年的 2 240.80 万千瓦逐年增加到 2017 年的 2 812.42 万千瓦（表 1.7）。受地形条件制约，主要农业机械中，仅有部分农机，包括农用排灌电动机、农用排灌柴油机以及联合收割机拥有量有小幅度增加，其他大中型拖拉机及其配套农具和小型拖拉机及其配套农具拥有量变动不大（图 1.4）。

表 1.7　2013—2017 年贵州农村基本情况及农业生产条件

指标	2013 年	2014 年	2015 年	2016 年	2017 年
农用机械总动力（万千瓦）	2 240.80	2 458.40	2 575.15	2 711.30	2 812.42

（续）

指标	2013 年	2014 年	2015 年	2016 年	2017 年
农村用电量（亿千瓦时）	61.89	71.27	80.12	85.25	95.11
农业生产资料市场（个）	8	7	6	7	35
农药使用量（吨）	13 744	13 425	13 722	13 677	13 399
农用塑料薄膜使用量（吨）	48 031	48 949	49 403	51 053	51 138

注："农业机械化"资料来源于贵州省农委。

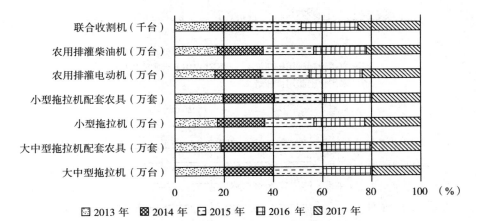

图 1.4　2013—2017 年贵州主要农业机械拥有量
注：资料来源于贵州省农委。

　　贵州农业生产资料市场由 2013 年的 8 个增加到 2017 年的 35 个，农用塑料薄膜使用量从 2013 年的 48 031 吨逐年增加到 2017 年的 51 138 吨。在国家及农业农村部提倡农药化肥减施增效的背景下，贵州农药使用量稳步降低。就政策落地后来看，从 2015 年的 13 722 吨减少到 2017 年的 13 399 吨，减少 323 吨，下降 2.4%（表 1.7）。农用化肥施用量呈现同样的变化趋势，于 2015 年以后总量逐渐下降（图 1.5）。从施用构成来看，氮肥折纯施用量依旧最高，其次为复合肥，磷钾肥使用量较低。

　　灌溉、治水方面，随着水利投入的逐年递增，除涝面积、水土流失治理面积、堤防长度、堤防保护面积以及旱涝保收面积均有不同程度的增加，受山地灌溉技术制约，有效灌溉面积和节水灌溉面积仅有小幅度增加（图 1.6）。

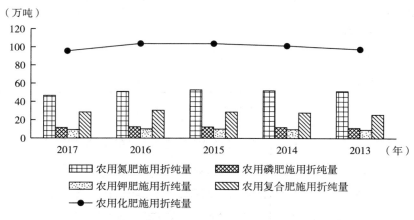

图 1.5　2013—2017 年贵州化肥施用量

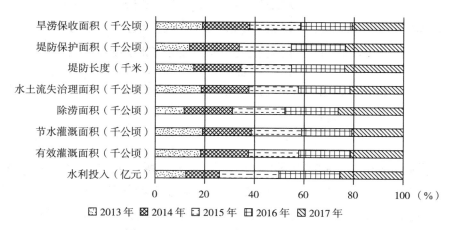

图 1.6　2013—2017 年贵州灌溉、治水

注：资料来源于贵州省水利厅。

1.1.4　技术和人才基础

近年来，贵州对于农业科学技术的投入以及人员的培养力度逐渐加大，而高端精英型技术人才严重匮乏，服务于贵州农业发展的复合型高级人才非常有限，尚难以满足贵州农业发展的需要。

贵州事业、企业单位在编人员中，拥有硕士研究生学历人员所占比例较低，在乡镇农业技术人员中，高学历农业技术人员更少，且技术能力和水平较低，已经成为贵州特色农业快速发展的制约因素。培养优质的农业人才离不开师资力量的积累，从贵州高等学校来看，2017 年，农学正高级和副高级专任教师比例分别为 18% 和 37%（图 1.7），均高于正高级和副高级专任教师在整体师资队伍中的占比水平（图 1.8）。中等职业学校（机构）学生中，农林牧渔类招生数占比仅为 5.5%，在校生比例为 6.2%，毕业生比例为 9.7%，获得职业证书占比 8.3%，农业人才培养还存在很大潜力（图 1.9）。因此，为了给贵州山地特色农业发展注入活力，提升特色农业发展动力，要不断强化农业科技人才队伍建设，加大学科带头人培养力度，注重发现、培养、引进从事农业科学研究与技术开发的高层次专业技术人才和管理人才。

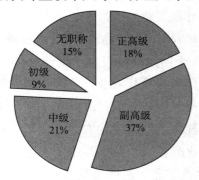

图 1.7　2017 年贵州普通高等学校
农学专任教师

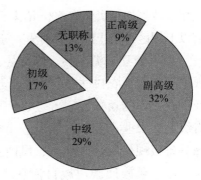

图 1.8　2017 年贵州普通高等学校
专任教师

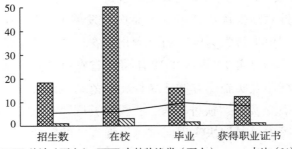

图 1.9　2017 年贵州中等职业学校（机构）学生分科类情况

1.1.5　政策支持

《全国农业现代化规划（2016—2020 年）》提出要"以优势特色农业为主攻方向，突出改善生产设施""建设特色产品基地""保护与选育地方特色农产品品种""推广先进适用技术，提升加工水平，培育特色品牌"。

贵州政策主线是围绕实现地方特色农业发展，建立优势产品培育基地，研发本土适用技术制定和实施。对接脱贫攻坚，贵州出台了《关于加快推进现代山地特色高效农业发展的意见》（黔党发〔2015〕20 号）、《贵州省"十三五"现代山地特色高效农业发展规划》以及 12 个《农业产业裂变发展规划》等一系列规划和政策文件。方法上，贵州开展了 500 亩*以上坝区农业产业结构调整以及调减玉米种植等工作。通过整合坝区信息，调查坝区实际情况，有针对性地制定相应政策，有效激发了各地产业调整积极性，其他相关政策如《贵州省 500 亩以上大坝农田建设工程技术指南》《贵州省 500 亩以上坝区种植土地保护办法》等都为这一场农村产业革命奠定了坚实基础。

以水城县、湄潭县、修文县、麻江县 4 个国家现代农业产业园为基础，根据《省农业农村厅办公室关于开展 2019 年省级现代农业产业园提质增效及创建工作的通知》（黔农办发〔2019〕99 号）文件要求，2019 年创建 7 个省级现代农业产业园，涵盖 6 个贫困县〔盘州市刺梨现代农业产业园、息烽县省级现代农业产业园、凤冈县现代农业产业园、松桃县现代农业产业园、威宁彝族回族苗族自治县（以下简称威宁县）迤那现代农业产业园、桐梓县现代农业方竹产业园〕和 1 个非贫困县（余庆县江北现代农业产业园），充分发挥其在以产业发展为基础的脱贫攻坚工作中的带头作用。

近年来，针对地方优势特色农产品产业发展的政策措施也纷纷落地。例如，被称为"史上最大力度"的《贵州省农村产业革命辣椒产业发展推进方案（2019—2021 年）》和《2019 年贵州省农村产业革命辣椒产业发展实施方案》相继印发实施。方案从品种、示范基地建设、重点布局 3 个方面进行谋划，确立实施"换种工程""两带五区""一城、两市场、三基地、四中心"等项目，加快实现向"辣椒强省"的转变，更好助力决战脱

---

　* 亩为非法定计量单位。1 亩＝1/15 公顷。

贫攻坚、决胜同步小康。

1.2　贵州山地农业发展现状分析

1.2.1　贵州山地农业总体情况

近年来，为推进农业供给侧结构性改革，调整农业结构，贵州提出"来一场振兴农村经济的深刻的产业革命"。立足于制度优势，全力推进优势产业、优势品种的发展与突破，深入调整农业种植结构，拉动蔬菜、茶、食用菌、中药材等特色产品的进一步发展，加快形成"专业化、精细化、特色化"的产业发展格局。2018年，调减低效玉米种植785万亩，新增高效经济作物667万亩，茶叶、辣椒、火龙果、薏仁、刺梨等种植规模居全国第一位，农业生产效益稳步提升。

近年来，贵州聚焦"产业选择、培训农民、技术服务、资金筹措、组织方式、产销对接、利益联结、基层党建"八要素，大力推动农村产业革命，在农业发展、农民增收和脱贫攻坚等方面均取得了丰硕的成果。

在技术服务方面，作为一个山区农业省份，贵州农业科技贡献率低于全国平均水平。这就要求技术服务需要围绕特色优势产业，实现问题就地攻关、技术就地集成、成果就地转化。贵州事业、企业单位各类专业技术人员人数不断增加，截至2017年已达到71.22万人；其中，农业技术人员也不断增多，而其所占总人数比例却呈现逐年下降（表1.8）。农技人员的缺乏，也是制约贵州在农业多方面服务提升的原因。

表 1.8　2013—2017 年贵州事业、企业单位各类专业技术人员

项目	2013 年	2014 年	2015 年	2016 年	2017 年
技术人员总数（万人）	61.91	64.22	66.28	68.95	71.22
农业技术人员（万人）	2.38	2.35	2.39	2.5	2.56
所占比例（%）	3.84	3.66	3.61	3.63	3.59

各地通过推行"农业专家＋示范基地＋农业技术指导员＋农业科技示范户"的科技成果转化机制，确保相关产业主推技术到位率。依托国家、省产业技术体系综合试验站和基层农技推广体系改革与建设补助项目，建

设了一批规模适度、示范效果好、科技含量高的综合示范基地，大力开展农业新品种、新技术、新材料、新型农机具的推广应用。产业技术体系专家针对调减玉米发展的替代产业和主导产业积极做好技术储备与前瞻性技术研究工作。各地围绕产业发展技术需求组织开展农技人员的再教育、知识更新、技能提高等培训工作，提升农技人员服务产业的素质和能力，以适应新的产业技术革命的要求。各地农技人员通过对接贫困村和技术服务团队对接农民专业合作社的协调工作，确保农民培训和技术服务需求时能用得上，实现对每个调整区域、主导（替代）产业和每个贫困村、每个合作社以及贫困群众技术服务全覆盖，实现全产业链服务。例如，贵州在大白菜、萝卜等大宗蔬菜上重点突破的同时，在韭黄、生姜等特色优势产品上重点突破，派遣专家小分队在技术指导、标准推广、产品服务等方面精准指导，制定上海外延蔬菜基地、粤港澳大湾区"菜篮子"基地、"校农结合"基地蔬菜安全生产关键控制技术规程，提升各地优势单品产业水平，助推脱贫攻坚。

资金筹措是农村产业革命的重要保障。如何将资金引向农业产业，需要制度的保障、项目的支撑，更需要地方政府的创新作为。资金筹措的问题解决好了，把资金撬动产业的功能发挥好了，农村产业革命将持续深入。贵州在农村产业革命进程中，在资金方面主要从公共财政资金、脱贫基金和社会资金多方面进行筹措。

在财政扶持基础上，一定的金融支持、保险保障、担保服务是助推产业发展的组合政策。遵义虾子中国辣椒城通过"仓单质押"新型金融方式，对企业的整个商品进行评级定价，然后按照一定比例进行放贷。担保服务上，贵定县农村信用合作联社在贵定县累计投放近 7 000 万元的信贷资金，用于帮助近 50 个坝区进行农业产业结构调整，通过产业扶贫、精准施策，帮助更多的农户实现脱贫增收；遵义加大培育"椒农"力度，银行推出"椒农 E 贷"，提供金融贷款服务。

农业是天生的弱质产业，农民不论在自然面前还是在市场经济大环境下都处于弱势地位。据统计，2017 年贵州农作物灾害达 2013 年以后最高水平，受灾面积达 257.28 万公顷，较 2013 年增加 63%，绝收面积达 40.79 万公顷，较 2013 年增加 12%。虽然对灾害的防患水平有大幅度提升，残酷的自然灾害仍是农业安全生产的巨大挑战。同时，某些突发灾害，如 2019 年贵州省 9 个市（州）共 602 个乡镇发生"粮食杀手"草地贪夜蛾，累计发生面积超过 14 万亩，贵州获中央财政农业生产和水利救灾资金 3 500 万元，全部用于草地贪夜蛾防控，避免大面积暴发成灾。近年来，贵州农业保险侧重在特色农产品的投入。2019 年因受到强降雨引发水涝灾害，安顺市西秀区 100 多户辣椒种植户近 4 000 亩辣椒受损，但因有辣椒保险，受灾农户总共得到 235 万元赔付款。2018 年以来，贵州山地茶叶气象指数保险在贵阳市花溪区、开阳县、清镇市共投保茶园 6.25 万亩（次），提供风险保障 6 875 余万元，向茶企、合作社支付赔款 860.11 万元，有效减少了损失，保障茶农和贫困户的基本收入，兜住了茶企、茶农的基本再生产能力。

组织方式这一环节在"八要素"中起到承上启下的关键作用。组织方式在某种意义上属于生产关系的范畴，农业现代化的进程，实际上也是生产经营组织方式不断调试、适应生产力发展需要的过程。伴随着社会主义市场经济的逐步确立，由家庭承包经营所导致的分散的小农经济与社会化大生产之间的矛盾逐渐成为农业现代化发展的主要矛盾。

作为脱贫攻坚的重要组成部分，贵州迫切需要采取有效组织方式进一步解决农业生产"小、散、弱"问题。目前的新型农业经营主体方面，截至 2017 年，贵州省 2017 年国家级、省级农业产业化经营重点龙头企业共计 711 个。其中，遵义市居首位，为 129 个，主要分布于湄潭县 36 个，凤冈县 15 个，正安县 13 个，播州区 12 个，赤水市、仁怀市各 8 个，汇川区、余庆县各 7 个，红花岗区 6 个，道真仡佬族苗族自治县（以下简称道真县）4 个，绥阳县、习水县、新蒲新区各 3 个，桐梓县、务川县各 2 个；黔西南布依族苗族自治州（以下简称黔西南州）和安顺市的数量均为 61 个；六盘水市 59 个，排末位，其他各市（州）居于中等水平。集中度上，毕节市（86 个）、贵阳市（76 个）、铜仁市（75 个）、黔西南州（61 个）、安顺市（61 个）、六盘水市（59 个）集中于若干区县；遵义市（129 个）、黔南布依族苗族自治州（以下简称黔南州）（91 个）、黔东南苗族侗族自治州（以下简称黔东南州）（73 个）较为分散于多个区县。企业种类主要有茶叶、菜籽油、大米、粮油、养殖等（表 1.9）。

表1.9 2017年贵州省产业化经营重点龙头企业统计

市（州）	数量	分布
遵义市	129	湄潭县36个、凤冈县15个、正安县13个、播州区12个、赤水市8个、仁怀市8个、汇川区7个、余庆县7个、红花岗区6个、道真县4个、绥阳县3个、习水县3个
黔南州	91	都匀市19个、瓮安县18、贵定县7个、惠水县7个、独山县6个、荔波县6个、龙里县5个、长顺县5个、福泉市4个、罗甸县4个、平塘县4个、三都水族自治县（以下简称三都县）4个
毕节市	86	金沙县18个、纳雍县13个、赫章县10个、威宁县10个、七星关区9个、织金县9个、黔西县8个、大方县5个、金海湖新区3个、百里杜鹃风景名胜区管理委员会1个
贵阳市	76	清镇市14个、花溪区14个、开阳县13个、乌当区9个、南明区7个、修文县5个、息烽县4个、云岩区4个、白云区3个、观山湖区3个
铜仁市	75	石阡县14个、思南县10个、德江县8个、江口县8个、印江县5个、松桃县7个、万山区6个、沿河县5个、玉屏县5个、碧江区4个
黔东南州	73	黎平县14个、凯里市12个、丹寨县9个、雷山县9个、从江县5个、岑巩县4个、施秉县4个、锦屏县3个、麻江县3个、榕江县3个、黄平县2个、镇远县2个
黔西南州	61	兴仁县11个、兴义市11个、晴隆县9个、安龙县8个、义龙试验区7个、普安县6个、贞丰县4个、册亨县3个、望谟县2个
安顺市	61	西秀区20个、普定县13个、平坝县10个、关岭布依族苗族自治县（以下简称关岭县）6个、镇宁县6个、开发区3个、紫云苗族布依族自治县（以下简称紫云县）2个、贵安新区1个
六盘水市	59	水城县20个、六枝特区14个、盘县14个、钟山区11个

（续）

市（州）	遵义市	黔南州	毕节市	贵阳市	铜仁市	黔东南州	黔西南州	安顺市	六盘水市
	新蒲新区3个	都匀经济开发区2个				台江县1个			
	桐梓县2个					三穗县1个			
	务川县2个					剑河县1个			
种类	茶叶、菜籽油、大米、粮油、养殖等	茶叶、菜籽油、大米、蔬菜、花卉、辣椒系列产品等	茶叶、大米、菜籽油、花卉、肉制品、蔬菜等	茶叶、蔬菜、肉制品、养殖、种植等	茶叶、菜籽油、大米、养殖等	茶叶、大米、蔬菜等	茶叶、大米、薏仁类产品等	茶叶、大米、菜籽油、食用油等	茶叶、猕猴桃、苦荞茶、蔬菜等

　　龙头企业的引入对地区农业产业的发展具有带动作用。如道真县从福建、湖北、重庆等地引进 30 余家实力强、规模大的龙头企业为带动，引导和支持全县商品蔬菜、食用菌等产业的发展，激励本地企业提升资质、延长产业链，力争形成规模效应，带动贫困群众增收脱贫。其中，贵州同辉食用菌发展有限公司开创了"企业＋合作社＋产业园＋贫困户"的发展新模式，年产量可达 6 000 万棒，带动近 2 000 余户稳定脱贫。然而，新型农业经营主体能力仍然较弱，"空壳社"占比较大。

　　城乡农林牧渔业私营企业大部分分布于乡村，占比约 80%；同时，就业人员也大多数集中于乡村，占比约 92%，证明私营企业对于吸纳大量从事农林牧渔业的乡村劳动力有重要作用。城乡农林牧渔业个体工商户较私营企业更易集中于乡村，占比约 89%；同时，就业人员也大多数集中于乡村，占比约 89%，证明个体工商户对于吸纳大量从事农林牧渔业的乡村劳动力同样具有重要作用（表 1.10）。

表 1.10　贵州城乡农林牧渔业私营企业和个体工商户数量及就业人员

指标	户数（户）	城镇（户）	乡村（户）	就业人员（人）	城镇（人）	乡村（人）
私营企业	72 038	14 701	57 337	974 900	79 882	895 018
个体工商户	56 276	6 376	49 900	103 774	11 736	92 038

　　限额以上批发企业数量以化肥批发、中药批发以及肉、禽、蛋、奶及水产品批发居多，分别有 51 个、35 个以及 22 个，同时从业人数也最多，销售总额分别约为 142.7 亿元、48.7 亿元以及 10.5 亿元（表 1.11）。财务指标显示，主营业务收入前三位仍然是化肥批发、中药批发以及肉、禽、蛋、奶及水产品批发，然而除去主营业务成本、税金及附加以及销售费用等，营业利润分别为 9 306 万元、8 107 万元和 3 633 万元（表 1.12）。值得注意的是，种子批发和果品、蔬菜批发营业利润均在 2 000 万元以上；同时，农药批发、牲畜批发以及饲料批发营业利润为负。综合以上结果，在国家提倡化肥农药减量增效（双减）政策的大背景下，贵州应适度调整化肥批发和农药批发企业的经营，同时基于本省优势，不断提高中药、牲畜以及肉、禽、蛋、奶及水产品的质量和附加价值，拓宽良种和精品果蔬的销售渠道，使限额以上批发企业增收，从而更好地起到带头作用。

表 1.11　2017 年贵州限额以上批发企业

指标	法人企业 （个）	从业人数 （人）	销售总额 （万元）	批发 （万元）	零售 （万元）
谷物、豆及薯类批发	7	223	42 373	36 319	6 053
种子批发	3	110	11 822	11 740	83
饲料批发	3	27	18 535	18 334	202
林业产品批发	2	15	8 476	8 476	—
牲畜批发	5	182	23 162	20 859	2 303
其他农牧产品批发	4	116	15 065	11 268	3 797
果品、蔬菜批发	9	232	55 328	43 648	11 680
肉、禽、蛋、奶及水产品批发	22	1 058	117 236	105 026	12 210
中药批发	35	2 175	496 137	487 154	8 983
化肥批发	51	1 271	1 470 417	1 426 986	43 431
农药批发	1	119	17 570	14 408	3 162
农业机械批发	4	47	12 549	12 398	151

注：限额以上批发企业指年主营业务收入 2 000 万元及以上。

表 1.12　2017 年贵州限额以上批发企业主要财务指标（万元）

指标	主营业务 收入	主营业务 成本	主营业务 税金及附加	销售费用	营业利润
谷物、豆及薯类批发	38 133	34 151	19	1 538	428
种子批发	10 953	7 443	38	383	2 356
饲料批发	16 892	16 396	3	86	−120
林业产品批发	8 139	8 063	8	10	12
牲畜批发	23 157	21 999	71	604	−286
其他农牧产品批发	14 572	12 994	75	134	934
果品、蔬菜批发	52 622	46 777	582	868	2 937
肉、禽、蛋、奶及水产品批发	103 074	90 159	1 574	5 044	3 633
中药批发	427 353	375 585	1 516	26 106	8 107
化肥批发	1 416 106	1 374 509	6 578	12 865	9 306
农药批发	15 810	13 713	2	1 195	−1 120
农业机械批发	12 521	11 022	17	358	865

注：限额以上批发企业指年主营业务收入 2 000 万元及以上。

需要注意的是，龙头企业、合作社、农户三者都是市场经济的主体，都是资源要素的承载者和使用者，各有其优势，又各有一定程度局限性，把三者有机整合在一起，才能实现要素利用率的最大化。如六盘水猕猴桃公司在"龙头企业＋合作社＋农户"的模式基础之上，打造出了一个集种植、加工、销售、品牌、研发于一体的特色产业链，引导农民在产业链上致富。通过"龙头企业＋合作社＋农户"的组织方式，把广大农民发动起来、组织起来，深入推进农村产业革命，是一项长期的过程，应因地制宜采取针对性手段。

目前，贵州基于"八要素"条件发展山地特色农业还存在一些困境和问题。从产业选择角度来讲，贵州天然生态条件较为良好。然而，伴随水土流失较严重，人口增长较快，资源承载巨大压力。另外，很多历史基础问题对资源环境开发的制约作用正日益凸显出来。贵州经济发展滞后，农业结构较单一，农业劳动生产率低；交通不便，影响信息获取；农村二三产业发展刚处于起步阶段。与此同时，受多方面因素影响，贵州发展生态农业还面临诸多问题。首先，贵州大部分地区以传统农业生产方式为主，农业技术和生产观念稍显落后。从技术服务角度来讲，作为一个山区农业省份，贵州主要农作物耕种收机械化率、农业科技贡献率略低于全国平均水平。这就要求技术人员围绕特色优势产业，把科学研发、实验与运用结合起来，实现问题就地攻关、技术就地集成、成果就地转化。

1.2.1.1 农产品产量及变动

就贵州主要农作物产品产量来看，2013—2016 年，贵州粮食作物产量由 1 029.99 万吨稳步上升到 1 192.38 万吨，2017 年在调整优化种植结构带动下，下调到 2017 年的 1 178.54 万吨，同比下降 1.2%。其中，大豆、玉米分别下调了 6.9% 和 3.3%（表 1.13）。作为贵州特色作物，在大力推进标准化生产的同时，马铃薯产量稳步提升。2017 年，烤烟产量同比下调 10.8%，同时蔬菜及食用菌产量上调 11.7%，证明贵州食用菌、蔬菜特色优势产业正加快发展。

粮经作物种植比例是指某地区在特定年份里粮食作物和经济作物之比，是种植结构调整、农业供给侧结构性改革的重要指标之一。近年来，贵州省农业农村厅提出全面推进种植业高质量发展，稳定粮食生产，调整优化种植结构，加快推动绿色发展。2018 年贵州粮经作物种植比已达到 35∶65。

表 1.13　2013—2017 年贵州主要农作物产品产量（万吨）

指标	2013 年	2014 年	2015 年	2016 年	2017 年	2016 年比 2017 年增长（%）
*粮食作物	1 029.99	1 138.50	1 180.00	1 192.38	1 178.54	−1.2
稻谷	361.30	403.24	417.54	430.48	423.70	−1.6
小麦	51.51	61.50	61.67	59.74	58.85	−1.5
玉米	298.03	313.81	324.08	324.38	313.56	−3.3
大豆	8.04	11.78	12.60	13.78	12.83	−6.9
*薯类	263.36	289.91	303.84	301.85	309.76	2.6
马铃薯	211.40	226.60	237.62	233.35	242.04	3.7
*油料作物	91.53	98.05	101.34	113.66	109.82	−3.4
油菜籽	81.78	86.69	89.03	88.75	89.22	0.5
花生	8.25	9.71	10.50	10.64	10.81	1.6
甘蔗	159.29	168.27	156.09	71.23	73.54	3.2
烤烟	41.79	35.34	32.93	27.45	24.48	−10.8
蔬菜及食用菌	1 500.45	1 625.62	1 731.88	2 033.56	2 272.16	11.7

*代表一个大类，如稻谷和小麦都属于粮食作物。

2013—2017 年，贵州果园面积从 228.13 千公顷增加到 406.35 千公顷，仅 2017 年同比增长了 22.1%；总产量由 167.75 万吨增加到 283.53 万吨，仅 2017 年同比增长 20.2%，苹果、香蕉、猕猴桃等产量均稳步提升（表 1.14）。作为贵州优势产业，在将大数据融入产业链全过程以后，2017 年猕猴桃产量达 9.47 万吨，同比增长了 34.5%，说明贵州精品水果特色优势产业发展迅速。

表 1.14　2013—2017 年贵州水果面积及产量

指标	2013 年	2014 年	2015 年	2016 年	2017 年	2017 年比 2016 年增长（%）
果园面积（千公顷）	228.13	262.14	300.48	332.75	406.35	22.1
水果产量（万吨）	167.75	196.38	224.90	235.84	283.53	20.2
园林水果产量（万吨）	105.74	125.98	147.65	168.04	210.99	25.6

（续）

指标	2013 年	2014 年	2015 年	2016 年	2017 年	2017 年比 2016 年增长（%）
苹果产量（万吨）	3.25	4.39	5.27	5.65	7.07	25.1
梨产量（万吨）	24.09	27.31	29.24	24.17	28.04	16.0
柑橘产量（万吨）	25.48	28.91	32.01	20.57	25.39	23.4
香蕉产量（万吨）	0.56	0.58	0.85	0.72	1.73	140.3
猕猴桃产量（万吨）	2.21	2.50	5.25	7.04	9.47	34.5
柿子产量（万吨）	1.46	1.50	1.49	1.59	1.56	−1.8

注：水果产量含果用瓜。

2013—2017 年，贵州猪牛羊出栏数逐年递增。仅 2017 年，牛、羊出栏数同比增长率分别达到 7.3% 和 8.4%，且除猪肉以外，牛、羊、禽肉产量持续增长，作为副产品，牛奶产量也逐年攀升；水产品产量持续增加，蜂蜜产量由 2 468 吨激增至 3 566 吨，仅 2017 年，同比增长 16%（表 1.15）。

表 1.15　2013—2017 年贵州畜牧业生产及其他产品生产

指标	2013 年	2014 年	2015 年	2016 年	2017 年	2017 年比 2016 年增长（%）
当年出栏数						
猪（万头）	1 832.28	1 845.27	1 795.26	1 759.35	1 825.15	3.7
牛（万头）	115.22	117.35	133.26	140.72	150.99	7.3
羊（万头）	205.39	220.38	246.14	263.86	286.05	8.4
肉类总产量（万吨）	199.74	201.80	201.94	199.28	207.57	4.2
猪肉（万吨）	163.73	165.55	160.75	154.96	160.10	3.3
牛肉（万吨）	14.13	14.68	16.76	17.85	19.06	6.8
羊肉（万吨）	3.51	3.75	4.20	4.50	4.81	6.9
禽肉（万吨）	15.48	14.84	16.31	17.72	18.78	6.0
其他产品产量						
牛奶（万吨）	5.45	5.71	6.20	6.39	6.56	2.7
禽蛋（万吨）	15.44	16.20	17.58	18.78	18.69	−0.5
蜂蜜（吨）	2 468	2 733	3 017	3 075	3 566	16.0
水产品（万吨）	16.70	20.99	24.98	24.65	25.48	3.4

1.2.1.2 农民收支及变动

2013—2017 年，贵州农村居民家庭人均总收入逐年增加，2017 年相比 2013 年增加了 63.2%；其中，农业家庭经营性收入占总收入的四成左右，与工资性收入基本持平。说明贵州在脱贫攻坚、实现农民增收工作中成效显著（表 1.16）。

表 1.16　2013—2017 年贵州农村居民家庭人均可支配收入

指标	2013 年	2014 年	2015 年	2016 年	2017 年
农村常住居民人均可支配收入（元）	5 434	6 671	7 387	8 090	8 869
工资性收入（元）	2 573	2 521	2 897	3 211	3 636
家庭经营收入（元）	2 356	2 643	2 879	3 116	3 285
转移性收入（元）	427	1 436	1 527	1 696	1 856
财产性收入（元）	78	71	84	67	92
经营收入占比（%）	43.35	39.62	38.97	38.52	37.04

从农村居民家庭人均可支配收入构成来看，贵州农村居民家庭收入构成较为丰富，主要以农业（种植业）和畜牧业收入为主（图 1.10）；从农村居民家庭人均经营费用支出构成来看，贵州农村居民家庭经营以畜牧业和农业（种植业）为主，而农业（种植业）支出约为畜牧业的一半，证明贵州农村居民从事种植业的投入回报较高（图 1.11）。

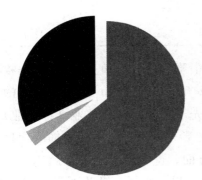

■ 农业（种植业）收入　　■ 林业收入
■ 畜牧业收入　　　　　　渔业收入占比极低

图 1.10　农村居民家庭人均
可支配收入（元）

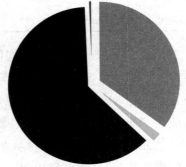

■ 农业（种植业）生产支出　　■ 林业生产支出
■ 畜牧业生产支出　　　　　　■ 渔业生产支出

图 1.11　农村居民家庭人均
经营费用（元）

1.2.1.3 各市（州）地区农业概况

贵州省总面积 17.61 万平方千米，共有 9 个地级行政区划单位（包括 6 个地级市、3 个自治州）、88 个县级行政区划单位（包括 13 个市辖区、7 个县级市、56 个县、11 个自治县、1 个特区）。2017 年，贵阳市生产总值、人均地区生产总值居首位，遵义市以 2 748.59 亿元居第二位，而遵义市第一产业增加值居第一位（表 1.17）。说明贵阳市在新兴产业发展取得成功的同时，省内大部分地区经济推动力对农业仍然有极大的依赖。

表 1.17　2017 年各市（州）地区生产总值及增速

市（州）名称	地区生产总值（亿元）	第一产业增加值（亿元）	第二产业增加值（亿元）	第三产业增加值（亿元）	人均地区生产总值（元）	第一产业占比（%）
贵阳市	3 537.96	147.33	1 375.18	2 015.45	74 493	4.2
六盘水市	1 461.71	134.82	729.38	597.51	50 136	9.2
遵义市	2 748.59	402.34	1 241.05	1 105.20	44 060	14.6
安顺市	802.46	135.70	267.82	398.94	34 345	16.9
毕节市	1 841.61	378.61	692.19	770.81	27 690	20.6
铜仁市	969.86	219.73	277.53	472.60	30 801	22.7
黔西南州	1 067.60	204.08	340.68	522.84	37 471	19.1
黔东南州	972.18	195.87	224.11	552.20	27 654	20.1
黔南州	1 160.59	202.30	412.91	545.38	35 481	17.4

贵州各地区农林牧渔业增加值主要集中于农业（种植业），其次是牧业生产。2017 年，遵义市和毕节市分别以 422.05 亿元和 401.49 亿元的农林牧渔业增加值居全省前两位，遥遥领先于其他地区，农业（种植业）和牧业生产贡献最大，铜仁市、黔西南州、黔东南州和黔南州增加值均超过 200 亿元（表 1.18）。乡村从业人员数方面，遵义市和毕节市超 400 万人，除贵阳市和六盘水市以外，其余各市（州）乡村从业人员数均达到 200 万人左右（表 1.18）。说明省内大部分地区经济推动力对农业有极大的依赖的同时，数量庞大的涉农人口需要依赖农业产业的发展实现脱贫奔小康。

表 1.18 2017 年各市（州）农林牧渔业增加值、乡村从业人员数

市（州）名称	乡村从业人员数（万人）	农林牧渔业增加值（亿元）	农业增加值（亿元）	林业增加值（亿元）	牧业增加值（亿元）	渔业增加值（亿元）	农林牧渔服务业增加值（亿元）	2017 年比 2016 年增长（%）
贵阳市	113.58	156.90	105.86	1.06	38.75	1.66	9.57	6.2
六盘水市	140.54	141.61	89.18	9.87	35.26	0.50	6.80	6.5
遵义市	415.78	422.05	261.56	21.88	106.78	12.12	19.71	6.7
安顺市	156.36	142.10	85.57	8.50	36.09	5.54	6.39	6.6
毕节市	442.25	401.49	254.78	20.36	100.77	2.70	22.88	6.7
铜仁市	228.31	231.05	135.49	16.50	57.53	10.21	11.32	6.5
黔西南州	187.10	215.05	128.40	13.01	53.98	8.69	10.97	6.5
黔东南州	243.33	205.51	106.77	30.76	50.55	7.78	9.64	6.3
黔南州	221.24	212.72	134.66	9.56	52.97	5.11	10.43	6.5

　　作为贵州十二大特色产业之一，生态渔业养殖在全省均有发展，遵义市、铜仁市、黔西南州以及黔东南州渔业产业增加值居多；从产量上看，以上 4 个市（州）排名靠前，黔西南州在具有绝对产量优势的前提下，应进一步探索提高产品的附加值，提高商品性（图 1.12）。

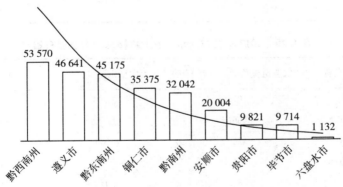

图 1.12 2017 年各市（州）水产品产量（吨）

注：数据来源于贵州省农委。

　　从各市（州）主要经济作物产量来看，2017 年，遵义市油菜籽、烤烟和茶叶产量分别以 19.14 万吨、6.67 万吨以及 7.41 万吨居全省首位，作为贵州十二大特色产业之一，茶叶在全省各地区均有种植，遵义市茶叶占比

42%。另一特色产业，精品水果的产量，黔南州、黔东南州以及遵义市位居前三，占全省产量的一半。油菜籽在全省范围内均有种植，除贵阳市、黔东南州和六盘水市以外，其他各市（州）油菜籽产量均在 10 万吨左右（表 1.19）。现代农业生产需要机械支撑。贵州各市（州）农机总动力及拥有量，遵义市和毕节市仍然居多。而遵义市大中型拖拉机和小型拖拉机数量相差不大，接近黔南州，而毕节市小型拖拉机达 6 万余台，由于海拔差、地块零散，大部分地区以采用小型农机为主（表 1.20）。

表 1.19　2017 年各市（州）主要经济作物产量（万吨）

市（州）名称	油菜籽	烤烟	茶叶	水果
贵阳市	5.26	1.15	0.51	27.89
六盘水市	2.24	1.23	0.19	13.77
遵义市	19.14	6.67	7.41	39.08
安顺市	9.64	0.93	0.55	23.25
毕节市	11.64	5.70	0.33	25.15
铜仁市	11.05	2.31	3.81	30.43
黔西南州	11.50	3.16	0.74	18.60
黔东南州	7.81	2.07	1.42	41.69
黔南州	10.94	1.26	2.69	63.68

表 1.20　2017 年各市（州）农业机械总动力及拥有量

市（州）名称	农业机械总动力（万千瓦）	大中型拖拉机（台）	小型拖拉机（台）
贵阳市	197.04	3 188	3 665
六盘水市	186.50	1 770	6 630
遵义市	473.55	7 877	6 106
安顺市	211.51	4 134	4 844
毕节市	538.47	6 177	66 733
铜仁市	306.01	3 527	8 132
黔西南州	284.66	3 205	3 938
黔东南州	297.40	3 898	5 271
黔南州	317.27	7 947	7 550

注：资料来源于贵州省农委。

从各市（州）农用化肥施用量来看，在国家提出"化肥减量提效、农药减量控害"，积极探索产出高效、产品安全、资源节约、环境友好的现代农业发展之路以及贵州多项政策措施实施下，2017 年全省化肥施用量均较 2016 年有所下降，实现负增长，贵阳市、遵义市以及黔西南州均以两位数水平减少。但各地施用量仍然很大，尤其是氮肥的过度依赖，作为农业生产大市，遵义市和毕节市化肥施用总量均达到了 20万吨左右（表 1.21）。

表 1.21 2017 年各市（州）农用化肥施用量

市（州）名称	合计（吨）	氮肥（吨）	磷肥（吨）	钾肥（吨）	复合肥（吨）	2017 年比 2016 年增长（%）
贵阳市	54 259	25 347	4 181	7 011	17 720	−10.2
六盘水市	63 434	40 048	6 673	4 374	12 339	−7.7
遵义市	192 574	88 362	25 340	20 578	58 294	−13.6
安顺市	63 537	27 708	10 972	5 496	19 361	−6.8
毕节市	220 508	111 432	20 933	21 197	66 946	−1.8
铜仁市	106 337	47 002	13 670	9 940	35 725	−7.0
黔西南州	70 087	40 274	10 227	8 125	11 461	−11.7
黔东南州	73 162	25 985	9 659	5 497	32 021	−8.0
黔南州	112 649	59 286	13 137	10 154	30 072	−5.1

1.2.1.4 地理标志产业化

在贵州 12 个特色优势产业中，果蔬、中药、茶叶获得地理标志数量位居前列。地理标志的申报是开端，如何利用其优势是关键。贵州运用地理标志保护助推精准扶贫工作被国家知识产权局作为典型经验在全国推广。截至 2017 年，贵州获地理标志认证农产品共计 58 个。其中，遵义市居首位，为 12 个，主要分布于凤冈县 2 个，赤水市 2 个，播州区 2 个，湄潭县、绥阳县、果蔬站、汇川区、烟草协会、务川县各 1 个；黔东南州和铜仁市各 4 个；黔西南州仅 1 个，排末位；其他各市（州）居于中等水平。集中度上，毕节市（9 个）、安顺市（8 个）、黔南州（9 个）集中于若干区县；贵阳市（6 个）和六盘水市（5 个）较为分散于多个区县。种植种类主要有辣椒、猕猴桃、茶等（表 1.22）。

表 1.22　截至 2017 年贵州省获地理标志认证农产品统计

市（州）	安顺市	毕节市	贵阳市	六盘水市	黔东南州	黔南州	黔西南州	铜仁市	遵义市
数量	8	9	6	5	4	9	1	4	12
分布	镇宁县2个，关岭县3个，西秀区1个，平坝区1个，农业技术推广站1个	威宁县2个，金沙县2个，赫章县2个，大方县1个，七星关区1个，畜牧技术推广站1个	花溪区，南明区，清镇市，修文县，息烽县，绿茶品牌发展促进会各1个	盘县2个，六枝特区2个，水城县1个	从江县2个，大风洞镇2个	贵定县2个，惠水县2个，长顺县1个，罗甸县1个，龙里县1个，都匀市1个，福泉市1个	兴义市1个	石阡县，碧江区，沿河县，茶叶行业协会各1个	凤冈县2个，播州区2个，赤水市2个，湄潭县1个，绥阳县1个，果蔬站1个，汇川区1个，烟草协会1个，务川县1个
种类	山药，火龙果，猪等	辣椒，苹果，黄梨等	猕猴桃，辣椒等	核桃，猕猴桃，辣椒等	葡萄，猪等	茶，蛋，李等	石斛	花生，茶，羊等	辣椒，茶，羊等

1.2.2　贵州山地农业发展评价

　　根据我国现代农业发展规划，各地在特色农产品品种保育、特色产品基地建设、生产设施完善、先进技术推广、加工水平提高以及品牌打造等方面进行了全面探索。贵州全省土地的 90% 以上为典型山地，近年来在顶层设计上围绕山地农业开展了卓有成效的实践。在产业结构调整方面，推进农业供给侧结构性改革，率先突破优势品种，持续深入推进种植结构调整，依托制度优势优先发展 12 个特色优势产业，包括中药材、食用菌以及蔬菜等。在产业发展布局方面，统一规划 500 亩以上坝区，利用高效经济作物替代低值玉米种植，农业生产效益稳步提升。

　　目前关于比较优势的评价分析，涉及全国范围内某些重要农产品或部分农业大省主要农作物以及县域范围内特色农作物。近年来，研究者围绕贵州现代化山地农业发展评价进行研究，涉及都市农业、生态农业等方面。早在 2004 年，研究者从宏观视角分析了贵州农业，从明确思路和目标、紧抓重点和发挥优势以及强化措施三个方面进行阐释，提出发挥比较优势、发展特色农业的观点，而并未基于客观实际进行综合评价分析，之后鲜有相关报道，最新研究仅对贵州茶叶生产的比较优势进行了初步分析。

　　综上所述，根据我国农业现代化规划要求和贵州特色农业发展需要，基于贵州主要农作物产量、产值等客观数据分析，对贵州大宗农产品规模比较优势、生产效率优势以及综合比较优势进行评价，为贵州发展优势特色农业提供理论参考和决策依据。

　　专门化系数是用来表示农产品商品生产能力的指标，反映某地区某种农产品在生产方面具有优势的大小，其计算公式：专门化系数＝某产品区域内人均占有量/该产品上一级区域人均占有量。如果某产品专门化系数大于 1，则说明该地区该种农产品的商品生产能力较强，而且专门化系数越大，说明该种农产品在该地区生产越具有优势。反之，如果小于 1，则说明该种农产品在该地区不具有优势。

　　产值比重能够反映某产业在区域内的重要程度和地位，是产业规模、效益和集中度的综合体现，其计算公式为：产值比重＝（某一农产品产值/区域农业总产值）×100％，用贵州主要农产品产值与贵州农业总产值之比来表示。产值比重越大，说明该种农产品与本区域内其他农产品相比，集中度越高，规模越大，效益越突出，也说明该产业越重要。本研究用贵州各主要特色农产品产值与贵州农业总产值之比，即用各特色农产品的产值比重来反映不同特色农产品在贵州农业生产中的地位和重要程度。

　　为了评价贵州大宗农产品的比较优势，采用要素比率分析法，从规模比较优势指数、生产效率优势指数和综合比较优势指数三个方面，评价分析贵州特色农产品在全国的地位和优势。规模比较优势指数（SCA）能够反映某产业的区位优势，其计算公式为：$SCA_{ij} = (S_{ij}/S_i)/(S_j/S)$。式中，$SCA_{ij}$ 为 i 区域 j 作物规模比较优势指数；S_{ij} 为 i 区域 j 作物播种面积；S_i 为 i 区域所有作物播种面积；S_j 为全国 j 作物播种面积；S 为全国所有作物播种面积。若 $SCA_{ij} > 1$，证明在全国范围内比较，本区域此种作物有规模优势，此程度与取值大小成正比，反之则处于规模劣势。生产效率优势指数（YEA）能够反映某产业的生产水平，其计算公式为：$YEA_{ij} = (Y_{ij}/Y_i)/(Y_j/Y)$。式中，$YEA_{ij}$ 为 i 区域 j 作物生产效率优势指数；Y_{ij} 为 i 区域 j 作物平均单产；Y_i 为 i 区域所有作物平均单产；Y_j 为全国 j 作物平均单产；Y 为全国所有作物平均单产。若 $YEA_{ij} > 1$，证明在全国范围内比较，本区域此种作物有生产效率优势，此程度与取值大小成正比，反之则处于效率劣势。综合比较优势指数（RCCA）能够较全面地对本区域此种作物的优势进行综合评价，其计算公式为：$RCCA_{ij} = \sqrt{SCA_{ij} \cdot YEA_{ij}}$。若 $RCCA_{ij} > 1$，证明在全国范围内比较，本区域此种作物有综合比较优势，反之则处于劣势。

1.2.2.1　农产品专门化系数

　　这里用贵州重要农产品人均占有量与全国人均占有量的比值，来反映其与全国平均水平相比在生产方面具有的优势。从表1.23可以看出，2014—2017年贵州重要农产品专门化系数反映油料作物具有一定优势，且逐年增加；粮食作物虽然没有呈现明显优势，但也在逐年增加。

表 1.23 2014—2017 年贵州重要农产品专门化系数

专门化系数	2017 年	2016 年	2015 年	2014 年
粮食	0.73	0.70	0.70	0.69
油料	1.29	1.11	1.16	1.13

首先，2012—2016 年，总产值快速上涨，农、林、牧、渔以及相关服务业产值均有所提高，从 2016 年比 2015 年增长率来看，渔业增长最快，达到16.7%（表 1.24）。2012—2016 年，总体上看，贵州产业产值比重变化较稳定。农业（种植业）产值占农林牧渔业总产值的比重最高，保持 60% 以上，说明种植业在贵州省与其他产业相比，处于最重要地位。畜牧业产值比重也较高，约为种植业的 1/2，证明其规模相对较大，效益也较突出；林业占比从 2012 年的 4% 增加到 6%（表 1.25）。将农业（种植业）中各项目细化分析，谷物及其他作物产值比重基本稳定，仅在2014—2015 年有所下调，而在此期间蔬菜、园艺作物、水果、坚果、饮料和香料作物以及中药材产值比重上浮，之后恢复到 2012 年水平。横向比较来看，谷物及其他作物、蔬菜及园艺作物的产值比重均达到最大，两项总和几乎占比 90%（表 1.26），说明两产业在贵州的集中度较高、规模大、效益突出，是重点产业。而近年来贵州也在不断调控两者之间的比例。

表 1.24 2012—2016 贵州主要农产品产值（亿元）

指标	2012 年	2013 年	2014 年	2015 年	2016 年	2016 年比 2015 年增长率（%）
农林牧渔业总产值	1 436.61	1 663.02	2 118.48	2 738.66	3 097.19	6.2
农业产值	864.86	997.13	1 321.86	1 772.59	1 888.64	6.9
林业产值	54.19	69.87	99.62	137.70	195.00	9.0
畜牧业产值	421.55	482.68	569.29	665.17	797.21	3.2
渔业产值	28.21	38.30	47.01	55.90	68.74	16.7
农林牧渔服务业产值	67.80	75.04	80.70	107.30	147.61	3.9

表 1.25　2012—2016 年贵州主要农产品产值比重（％）

指标	2012 年	2013 年	2014 年	2015 年	2016 年
农业	60	60	62	65	61
林业	4	4	5	5	6
畜牧业	29	29	27	24	26
渔业	2	2	2	2	2
农林牧渔服务业	5	5	4	4	5

表 1.26　2012—2016 年贵州主要种植业产品产值比重（％）

指标	2012 年	2013 年	2014 年	2015 年	2016 年
谷物及其他作物	45	45	33	26	45
蔬菜、园艺作物	45	43	55	57	45
水果、坚果、饮料和香料作物	6	6	6	11	6
中药材	4	6	6	6	4

1.2.2.2　农产品比较优势分析

为了阐明贵州特色农产品在全国的比较优势地位，便于对比分析，本研究对贵州的几种大宗农产品进行比较优势定量评价和分析。

由于农产品比较优势是由农业生产的自然资源、区位条件、技术和社会经济条件、市场需求以及政策和制度等多方面因素综合作用的结果，所以，评价农产品比较优势指标的选取既要能综合地反映各构成因素的影响，又要能反映农业生产能力的现状和变化特征。为了评价贵州大宗农产品的比较优势，本研究用要素比率分析法，从规模比较优势指数、生产效率优势指数和综合比较优势指数三个方面评价分析贵州特色农产品在全国的地位和优势。

从大宗农产品规模比较优势指数来看，2014—2017 年贵州马铃薯、油菜籽、烤烟、药材、蔬菜均具有规模比较优势。其中，马铃薯和烤烟的规模比较优势较高，SCA_{ij} 值达到 4～5 水平，且马铃薯逐年上升，烤烟逐年下降。油菜籽和中药材规模比较优势居中，SCA_{ij} 值达到 2 以上水平（表 1.27）。蔬菜的规模比较优势较低，但呈逐年上升趋势，从 2014 年的 1.35 增长到 2017 年的 1.70，优势正逐步凸显。这与贵州将其作为十二大特色优势产业发展有关。花生和甘蔗规模比较劣势明显。贵州粮食作物包括稻谷、小麦、玉米和大豆的规模比较优势呈现逐年下降趋势，且规模比较劣势明显。其中，玉米的规模劣势逐年凸显，这与近年来贵州调减玉米种植、采用高值作物替代有关。

表 1.27　2014—2017 年贵州大宗农产品规模比较优势指数

指标	2014 年	2015 年	2016 年	2017 年
* 粮食作物	0.81	0.80	0.79	0.78
稻谷	0.68	0.67	0.66	0.65
小麦	0.31	0.31	0.30	0.29
玉米	0.55	0.53	0.52	0.52
大豆	0.55	0.58	0.54	0.50
* 薯类	3.80	3.91	3.93	4.00
马铃薯	4.30	4.45	4.45	4.47
* 油料作物	1.28	1.32	1.35	1.49
油菜籽	2.17	2.24	2.40	2.33
花生	0.29	0.33	0.35	0.34
* 糖料	0.49	0.54	0.52	0.23
甘蔗	0.52	0.57	0.58	0.26
烟叶	5.83	5.51	4.84	4.41
烤烟	5.86	5.47	4.76	4.28
中药材	2.05	2.38	2.43	2.25
蔬菜	1.35	1.43	1.51	1.70

注：本研究选取农作物播种面积，指实际播种或移植农作物的面积。
* 代表一个大类，如稻谷和小麦都属于粮食作物。

　　从大宗农产品生产效率优势指数来看，2014—2017 年大部分农产品 YEA_{ij} 值接近于 1，生产效率基本处于全国平均水平，既没有优势，也没有劣势（表 1.28）。稻谷、马铃薯、油菜籽、甘蔗以及烤烟的生产效率优势指数均大于 1；马铃薯生产效率优势维持在 1.2 水平。稻谷生产效率优势呈现稳步上升趋势，从 2014 年的 1.08 增长到 2017 年的 1.23。同时，油菜籽生产效率优势也呈现逐步上升趋势，从 2014 年的 1.07 增长到 2017 年的 1.13。大豆、小麦、花生的 YEA_{ij} 值均小于 1，生产效率处于全国平均水平以下，处于劣势。

表 1.28　2014—2017 年贵州大宗农产品生产效率优势指数

指标	2014 年	2015 年	2016 年	2017 年
* 粮食作物	0.83	0.88	0.89	0.92
稻谷	1.08	1.15	1.20	1.23
小麦	0.58	0.59	0.59	0.64
玉米	0.86	0.93	0.95	0.95
大豆	0.63	0.66	0.72	0.71
* 薯类	1.03	1.11	1.07	1.08
马铃薯	1.17	1.25	1.17	1.18
* 油料作物	0.83	0.86	0.86	0.82
油菜籽	1.07	1.10	1.11	1.13
花生	0.68	0.72	0.74	0.75
甘蔗	1.07	1.03	1.03	1.02
烤烟	1.01	1.12	1.08	1.08

* 代表一个大类，如稻谷和小麦都属于粮食作物。

从大宗农产品综合比较优势指数来看，2014—2017 年贵州马铃薯、油菜籽、烤烟均具有综合比较优势。其中，马铃薯和烤烟的综合比较优势较高，$RCCA_{ij}$ 值均达到 2 以上水平；马铃薯综合优势表现较为稳定，而烤烟综合比较优势呈现逐渐下降趋势。油菜籽 $RCCA_{ij}$ 值在 1～2 水平（表 1.29）。包括稻谷、小麦、玉米和大豆在内的粮食作物综合处于劣势，甘蔗和花生综合劣势明显。

表 1.29　2014—2017 年贵州大宗农产品综合比较优势指数

指标	2014 年	2015 年	2016 年	2017 年
* 粮食作物	0.82	0.84	0.84	0.85
稻谷	0.86	0.88	0.89	0.89
小麦	0.43	0.43	0.42	0.43

（续）

指标	2014 年	2015 年	2016 年	2017 年
大豆	0.59	0.62	0.62	0.60
*薯类	1.98	2.08	2.05	2.08
马铃薯	2.25	2.36	2.28	2.30
*油料作物	1.03	1.07	1.08	1.11
油菜籽	1.52	1.57	1.63	1.62
花生	0.44	0.49	0.51	0.50
甘蔗	0.75	0.77	0.77	0.52
烤烟	2.43	2.48	2.27	2.15

*代表一个大类，如稻谷和小麦都属于粮食作物。

贵州稻谷等粮食作物产量逐年上升，马铃薯、蔬菜及食用菌稳步提高；总产值不断提高，占种植业的 60% 以上，所占产值比重最大为谷物及其他作物和蔬菜及园艺作物。在规模比较优势方面，油菜籽、烤烟、中药材、蔬菜均具有一定优势，马铃薯优势明显。生产规模由产业政策、自然资源、经济水平等因素所决定，是构成作物比较优势的重要指标。在贵州推动蔬菜、茶、食用菌、中药材等 12 个特色优势产业实现裂变式发展的大前提下，马铃薯、中药材以及蔬菜等特色作物生产规模将进一步扩大。贵州大部分农产品生产效率处于全国平均水平，稻谷、马铃薯、油菜籽、甘蔗以及烤烟的生产效率优势均略高于平均水平。然而，生产效率与产业投入和集约化程度密切相关，故无法只依靠生产效率优势指数来衡量，需要结合规模优势，即综合比较优势进行客观评价。从大宗农产品综合比较优势指数来看，马铃薯、烤烟均具有综合比较优势，且马铃薯表现更为稳定。

目前马铃薯正逐步成为第四大主粮作物，研究者对全国范围内近 10 年马铃薯生产数据分析，从效率、规模以及综合优势三个方面进行评价，贵州的综合比较优势明显，是马铃薯优势产区。国内围绕贵州马铃薯开展了大量研究，包括水肥调控、种质资源选育。贵州马铃薯种植面积和总产量均居全国第三位，全省 88 个区县均有种植，但生产水平相对较低、加工能力弱以及效益差，仍然制约着其产业发展。目前培育的一批优势产区，以威宁县为代表，对贵州产业发展起到引领作用。马铃薯作为威宁县第一主导产业，亩产较全国平均水平高出 20％，且淀粉含量高，可大量用于加工。同时，威宁县打造国家马铃薯区域性良种繁育基地，集自然、经济、科技、人力等优势条件于一体，是国家推进马铃薯主粮化的重要战略资源；每年获得国家资金支持，使得马铃薯良繁基地得以高标准建设，为供应良种奠定了基础。

在我国提出发展优势特色农业政策措施的大背景下，贵州在产业结构调整方面，依托制度优势，优先发展 12 个特色优势产业，包括中药材、食用菌以及蔬菜等；同时，在产业发展布局方面，统一规划 500 亩以上坝区，利用高效经济作物替代低值玉米种植，农业生产效益稳步提升。作为西南山区省份，近年来依托技术进步、政策扶持等因素的共同作用，贵州农作物产业比较优势显著增强。为进一步巩固和发展其比较优势，提出如下建议：首先，完善产业链机制与建设，促进三产融合，注重产业附加值的深入挖掘，追加技术资金投入，塑造本省产业品牌。其次，加强宏观政策引导，发展集约化生产，探索"一县一业""一乡一特""一村一品"，综合资源调配，形成特色鲜明的主导产业集群和特色产业带，优化规模比较优势。最后，加快技术创新，提高生产效率，加强新技术推广力度，优化生产效率优势。

基于农业现代化规划要求，分析贵州主要农作物产量、产值以及比较优势，为贵州发展优势特色农业提供理论参考和决策依据。对 2013—2017 年贵州主要农作物产量及变动进行分析；选取 2012—2016 年对贵州主要农产品产值及其比重以及种植业产品产值比重进行分析；对 2014—2017 年贵州省大宗农产品规模比较优势、生产效率优势以及综合比较优势进行评价。产量方面，贵州稻谷等粮食作物产量逐年上升，马铃薯、蔬菜及食用菌稳步提高；总产值不断提高，占种植业的 60％以上，所占产值比重最大为谷物及其他作物和蔬菜及园艺作物。规模比较优势方面，油菜籽、烤烟、中药材、蔬菜均具有一定优势的同时，马铃薯优势明显；大部分农产品生产效率处于全国平均水平，稻谷、马铃薯、油菜籽、甘蔗以及烤烟的生产效率优势均略高于平均水平；从大宗农产品综合比较优势指数来看，马铃薯、烤烟均具有综合比较优势，且马铃薯表现稳定。在巩固马铃薯等优势产业的前提下，不断提高粮食作物生产效率，挖掘蔬菜产业的发展潜力，是贵州发展山地高效农业的必然选择。

1.2.3 贵州山地蔬菜发展概况

1.2.3.1 蔬菜产业发展规划

近年来，依托气候多样性、生物多样性、良好自然生态环境、突出的品质和质量安全优势、名优特产蔬菜开发优势、产销成本优势，以及通达主要目标市场相对便捷的区位和交通优势，贵州蔬菜产业得到较快发展，初步建立了兰海、杭瑞、沪昆和兴义—贵广"一纵三横"四大优势蔬菜产业带和各中心城市周边保供蔬菜圈。鲜销蔬菜销往 20 余个省份及香港、澳门，出口东南亚、欧盟等地。加工制品销往全国各主要城市，出口 50 余个国家和地区。贵州名优特产蔬菜资源丰富，主要有 140 多种栽培蔬菜、700 余种野生蔬菜、300 余种食用菌，包括辣椒、夏秋喜凉蔬菜、冬春喜温蔬菜、食用菌和名特优蔬菜五大类。贵州是全国最大的辣椒及其加工制品产地和南方最大的辣椒集散地，也是最重要的出口辣椒干、辣椒制品和加工用鲜椒产地，已经形成"黔山牌""红枫牌""金州龙"等鲜销蔬菜品牌和"老干妈"等加工蔬菜品牌，鲜销蔬菜销往 20 余个省份，加工制品销往全国各地。"虾子辣椒""织金竹荪""大方皱椒""白旗韭黄""独山盐酸菜""花溪辣椒""安顺山药""湾子辣椒"等蔬菜产品获地理标志认证。

《贵州省农村产业革命蔬菜产业发展推进方案（2019—2021 年）》指出，到 2021 年底全省范围内的蔬菜种植面积要超过 1 500 万亩，产量达到 3 000 万吨。建成标准规模的蔬菜种植基地 300 万亩，健全产业链，打造省级公共品牌和特色个性品牌；大宗优势单品（菜豆、茄子、大白菜等）和区域优势产品（韭黄、生姜、山药等）既要满足省内需求，也要拓宽外部市场，建成中国南方夏秋蔬菜基地；打造安全、健康、干净、放心的黔菜一流品牌；摸索出一条特色蔬菜产销体系，扩大在珠三角及周边省份的市场占有率，并逐步拓展长三角蔬菜市场。

作为全省十二大特色产业之一，贵州蔬菜在产业选择上，立足于乌蒙山、大娄山、苗岭山中高海拔区域夏秋温度低的优势，精准聚焦、重点突破，将大白菜、萝卜、菜豆、茄子、韭黄、生姜、山药 7 个优势单品种植面积增加至 600 万亩以上，实现大宗优势农产品及特色产业产量达到蔬菜总产量的一半；同时，鼓励各地发展适合当地的蔬菜品种。

贵州是仅次于黑龙江和内蒙古的全国菜豆种植大省，全省各地均有不同规模的种植。根据贵州消费习惯，选择适销对路的高产、优质、中光性、抗热的品种。早在 20 世纪末，研究者通过对贵州栽培的四季豆、壳菜豆、棒豆、黄鳝豆、黑籽四季豆、花四季豆、大白豆、鸡油豆、黑籽矮豆、硬壳豆、端阳豆、黄麦秆豆、黄金豆等菜豆品种的品质分析和指标筛选，基本掌握了其品质范围；随后研究者进一步对其熟性、品质性状以及抗性进行了调查。近年来，贵州加大了对菜豆引种评价的研究，如贵州大学从绿肥资源角度出发，从国家种质资源库引进 87 份菜豆品种，通过田间试验对各品种农艺性状进行观测，从基本性状信息统计、主成分分析、聚类分析对其种质资源进行筛选评价。

大白菜是贵州常年栽培的大宗蔬菜，品种选择合理的情况下能够实现周年栽培。根据栽培季节可分为特早栽培（6 月播种，8～9 月采收）、早熟栽培（7 月播种，9～10 月采收）、正季栽培（8 月播种，11～12 月采收）、晚熟栽培（9 月播种，翌年 1～2 月采收）、特晚栽培（10～11 月播种，翌年 3～4 月采收）、反季栽培（3～4 月播种，5～7 月采收）6 种类型。栽培适宜品种考虑其熟性和抗性，如正季栽培选择中熟生育期 70～90 天的中熟品种黔菜 1 号等和生育期 90～120 天的晚熟品种青杂 3 号等，早熟栽培选择耐热性强的早熟品种鲁白 2 号等。贵州大白菜种质资源丰富，如镇远春不老、遵义迟白菜、贵阳清明白、安顺黄点心等品种依靠独特优良遗传性状均为国内优良品种。随着农业科学技术的发展，贵州大白菜品种资源正被全面发掘和利用。

茄子为贵州主栽大宗蔬菜，各地因消费习惯和气候条件的差异，栽培品种有所不同。紫黑色长茄在遵义市及铜仁市部分县市深受百姓喜爱，而贵州其余县市则多食用紫色或紫红色长茄。因此，茄子种植在贵州既属于大宗蔬菜，各地栽培品种又存在较强的区域性。

1.2.3.2 特色辣椒产业现状

（1）产业基础。我国绝大部分省份对辣椒已经有了不同规模的种植，其产业化发展已经成为我国许多省份的主要经济支柱。辣椒种植面积超过100 万亩的省份有贵州、湖南、湖北、江西、云南、河南和广东七大省，这七省的辣椒种植总面积占全国种植面积的 58.03%。据统计，诸如贵州、河北、湖南、云南、江西等省160多个县（市）对辣椒进行了大面积种植，并形成了一定的规模，带动了各地区经济的发展，成为当地的主要支柱产业。辣椒目前已经成为人们不可缺少的调味食品，很多县域也依据当地或国内辣椒市场供需形势大力发展辣椒产业，以带动当地经济发展，如沙湾县、绥阳县、鸡泽县、石柱县、丘北县和播州区等被誉为我国的辣椒之乡。

我国对辣椒大面积种植省份主要集中在南方地区。其中，贵州省辣椒种植面积为全国之首，种植面积达到500万亩，占全国总种植面积的21.55%。"遵义辣椒价格指数"上线运行，中国辣椒、贵州定价、买卖全球，充分发挥辣椒产业发展"风向标"、价格波动"晴雨表"、风险防范"避雷针"的作用。贵州辣椒加工企业超过200家，全国辣椒加工业的龙头"老干妈"引领，"贵三红""苗姑娘"等辣椒加工企业形成了在行业内有影响力的加工集群。贵州辣椒独特的品质得益于神奇"五度"的有机融合，形成了以朝天椒、小米椒、皱椒等为代表的种类丰富、品质优良、适应性广的辣椒品种资源。①奇妙的纬度：贵州地处北纬24°~29°，气候温和，雨热、光照适中，适宜于种类丰富的高品质辣椒栽培。②适宜的高度：贵州平均海拔1 200米，境内山地、丘陵、河谷、盆地交错分布，天然隔离条件好，病虫害相对较少，是发展绿色、有机和地理标志辣椒产品的天然理想场所。③有利的温度：贵州冬暖夏凉、气候宜人。从全省看，最冷月份（1月）平均气温为3~6℃，比同纬度其他地区高；最热月份（7月）平均气温为22~25℃，为典型夏凉地区。适宜的温度有利于辣椒生长，昼夜温差大有利于营养和风味物质的形成与积累。④宝贵的湿度：贵州大部分地区年降水量为1 100~1 300毫米，降水充足，阴天多，日照少，适宜矿物质元素吸收，辣椒生长期长，适宜干物质积累。⑤难得的浓度：贵州森林覆盖率高达58.5%，负氧离子高，PM2.5监测值低，空气质量良好，形成了种类丰富、品质优良、适应性广的地方特色辣椒品种。这些名优品种富含多种维生素、矿物质、有机酸和脂肪等。

(2) 布局规划。 贵州省委、省政府强力推动辣椒产业规模化、集约化、高端化发展，竭力打造"一城、两市场、三基地、四中心"。具体规划如下：建立中国辣椒城；开拓全球性辣椒专业批发市场和期货交易市场；创设全国最大的优质辣椒种植基地、精深加工基地、研发基地；成为全国辣椒产业价格形成中心、物流集散中心、贸易会展中心和文化交流中心。努力实现"中国辣椒、贵州定价、全球销售"。区域布局方面，打造北部加工型辣椒产业带、南部鲜食辣椒产业带和黔北-黔东北加工型辣椒产区、黔西北加工型辣椒产区、黔南-黔东南鲜食辣椒产区、黔中鲜食辣椒产区、南部河谷鲜食辣椒产区的"两带五区"。

在品种选择方面，建设集中育苗点 1 394 个，围绕重点产区，大力实施"换种工程"，主推"遵椒""遵辣""黔辣""湘研"等特色优势品种，基地良种覆盖率达 90% 以上，稳定提升贵州辣椒品质。重点引育选择贵州特色加工型、鲜食辣椒品种 10 个，重点选育适合贵州特色干制、加工品种，加强地方特色品种改良工作。贵州已建设省、市、县三级示范点 490 个。在科技支撑方面，大力推广集约化育苗、水肥一体化、增施有机肥、绿色防控等绿色优质高效生产技术以及菜-椒-菜轮作模式，提升标准化种植水平，技术覆盖率达 85% 以上。建立省级辣椒气象服务中心，积极申报和创建国家级辣椒特色农业气象服务中心。在绿色防控方面，遵义市采用植保无人机、静电喷雾器精确喷施，每茬辣椒可减少农药施用 3～4 次，亩平均减少农药投入 30～50 元。应用于辣椒的绿色防控措施有很多，如通过人工释放异色瓢虫等天敌昆虫"以虫治虫"，控制蚜虫、蓟马等辣椒主要害虫。此外，选择花期较长、色彩鲜艳的显花诱集植物种植在辣椒地四周，为辣椒害虫的天敌提供过渡寄主和栖息地，形成一道天然的生态屏障，提高控害能力。应用生物农药杀菌、"以菌治虫"，调节生长，及时控害；安装杀虫灯、性诱捕器，利用灯诱、性诱技术，控制鳞翅目害虫。

1.3 贵州山地蔬菜发展途径分析

目前，贵州的山地蔬菜发展已经初步实现了质的飞跃。2017 年，贵州的白萝卜（毕节）等产品入选全国名特优新农产品目录，实现省内特色果蔬在全国推广；通过举办贵阳农产品交易会等途径，建立农校对接、农超对接合作平台开拓市场，创新销售新模式。在农业生产的过程中，贵州坚持"安全绿色道路"：大力实施化肥、农药减量工程，建立特色农作物"化肥零增长"核心示范。

1.3.1　绿色安全生产

　　贵州复杂多样的生态环境，蕴藏着极为丰富的生物资源，生物多样性优势突出。同时，高海拔气候特征使贵州整体具有冷凉性，境内河流纵横交错，深度切割，地表落差大，对疫病传播阻隔有很大帮助，病虫灾害相对较少，是发展绿色农业的先决条件。近年来，又采取多种农药减量技术手段，获得显著成效。目前已有研究者从全局角度，阐述农业绿色发展背景下农药的减量途径；同时，围绕各省份农药减量的技术集成和策略研究正积极展开；另外，研究者也正在不断总结涉及多地农业绿色防控的措施和思路。目前，有关贵州农业绿色发展有一定理论研究，而涉及农药减量，虽积累大量的实践经验，然而缺乏相应系统性的总结。在分析贵州农业绿色化发展现状的基础上，较为系统地总结实践探索经验，为共性问题的解决提供相关借鉴。

　　近年来，贵州植物保护技术水平也在不断提升。在预测层面，贵州建立了病虫监测预警网络，以省级监控为主，以多区域测报站为重点，实现了预警监测的日趋完备。贵州建立了重大病虫害旬报和周报制度，及时掌握病虫害发生动态，信息汇报制度健全。在防治层面，贵州在"绿色植保"理念的助推下，引进新技术、试验新方法，并大范围宣传推广配套成熟的农作物病虫绿色防控技术，取得了极大效益；同时，对草害和鼠害的防治，也逐渐趋于向综合治理方向发展。贵州在植物检疫环节也取得了较大的进步；先后建成了以贵州区域重点植物检疫实验室为中心，黔西南、毕节、贵阳、遵义等为重点的一批植物检疫实验室，植物检疫检验手段和科研能力逐渐增强。在农药施用和管理上，低毒、低残留的理念日益深入。2019年，贵州以蔬菜作物为重点，建立了特色作物绿色防控与统防统治融合示范基地，带动全省推广绿色防控，提高了贵州绿色防控覆盖率和农药利用率，实现化学农药使用量零增长，保障贵州蔬菜生产安全、蔬菜产品质量安全和生态环境安全。

　　围绕化肥农药减施，我国提出"一控两减三基本"的战略目标，制订了《到2020年化肥使用量零增长行动方案》和《到2020年农药使用量零增长行动方案》，旨在大力推进化肥减量提效、农药减量控害，积极探索产出高效、产品安全、资源节约、环境友好的现代农业发展之路。在此基础上，贵州省政府印发《贵州省特色优势作物绿色防控与统防统治融合发展行动方案（2019—2020 年)》，蔬菜作为特色优势作物，其病虫害绿色防控与统防统治进一步融合发展。省内各地区在绿色化发展过程中，总结了很多宝贵技术经验，如凤冈县"统管统联有机发展、多元融合有机管理、生态循环有机种养、农旅一体有机产业链和互联网＋有机可追溯"的 5 种模式经验，其在"双有机"工作开展中起到重要作用。

目前，优势辣椒产业围绕 500 亩以上坝区农业产业结构调整，在建成标准化、规模化生产基地的同时，已实现绿色生产技术全覆盖，并且在借鉴大量国内防治办法的同时，积累了一定实践经验。贵州马铃薯亩产较全国平均水平高出 20%，种植面积和总产量均居全国第三，拥有威宁县国家马铃薯区域性良种繁育基地，是马铃薯优势产区。早在 2012 年，就有关于贵州马铃薯病害的调查研究，研究者对贵州马铃薯田杂草群落进行了调查，并形成了若干实用防治技术。

1.3.1.1 打造"三品一标"蔬菜产品

贵州无公害农产品产地目前占全省耕地面积的近一半，"三品一标"产地认定面积不断扩大。在打造无公害农产品和绿色食品基础上，加强国家有机产品认证示范创建区建设，积极拓展有机产品认证服务。贵州省内各市、区、县纷纷提出改革思路，依托地区优势发展"三品一标"登记认证，将农业产品优势和资源优势转变为商品优势和市场优势。例如，凤冈县发展"4＋28"个县乡"双有机"示范点，已培育一批有机果蔬产品获证企业，获得有机产品认证证书。

贵州无公害蔬菜产地逾 2 000 个，数量分布前三分别为贵阳市、毕节市以及遵义市。贵阳市主要集中于花溪区、息烽县和修文县；毕节市主要集中于威宁县、黔西县以及大方县；遵义市主要集中于桐梓县和汇川区（表 1.30）。无公害蔬菜产品近 2 000 个，数量分布前三分别为：遵义市（420 个）、毕节市（357 个）、贵阳市（319 个）；遵义市主要集中于道真县（53 个）、赤水市（43 个）以及习水县（47 个）；毕节市主要集中于威宁县（74 个）、赫章县（57 个）以及金沙县（52 个）；贵阳市主要集中于息烽县（67 个）、清镇市（60 个）和修文县（53 个）。贵州无公害蔬菜产地种植蔬菜产品主要以马铃薯、辣椒、大白菜为主（表 1.31）。

表 1.30 贵州无公害蔬菜产地分布统计

市（州）	安顺市	毕节市	贵阳市	六盘水市	黔东南州	黔南州	黔西南州	铜仁市	遵义市
数量	227	374	440	71	185	211	103	193	313
分布	关岭县 27 个	大方县 61 个	白云区 8 个	六枝特区 5 个	岑巩县 12 个	都匀市 20 个	贞丰县 21 个	碧江区 29 个	播州区 23 个
	平坝区 54 个	赫章县 36 个	观山湖区 2 个	盘州市 27 个	从江县 9 个	独山县 13 个	望谟县 15 个	德江县 27 个	赤水市 7 个
	普定县 33 个	金沙县 33 个	花溪区 124 个	水城县 24 个	丹寨县 5 个	福泉市 23 个	册亨县 17 个	石阡县 20 个	道真县 29 个
	西秀区 45 个	纳雍县 16 个	开阳县 29 个	钟山区 15 个	黄平县 15 个	贵定县 10 个	普安县 11 个	思南县 36 个	凤冈县 8 个
	镇宁县 31 个	七星关区 42 个	南明区 4 个		剑河县 9 个	惠水县 13 个	兴义市 19 个	沿河县 18 个	红花岗区 12 个
	紫云县 37 个	黔西县 73 个	清镇市 55 个		锦屏县 12 个	荔波县 14 个	安龙县 9 个	江口县 13 个	汇川区 46 个
		织金县 39 个	乌当区 45 个		凯里市 15 个	龙里县 17 个	兴仁县 5 个	松桃县 16 个	湄潭县 35 个
		威宁县 74 个	息烽县 79 个		雷山县 13 个	罗甸县 19 个	晴隆县 6 个	万山区 13 个	绥阳县 23 个
			修文县 71 个		黎平县 22 个	平塘县 13 个		印江县 13 个	桐梓县 48 个
			贵安新区 23 个		麻江县 11 个	三都县 15 个		玉屏县 8 个	务川县 24 个
					榕江县 10 个	瓮安县 19 个			习水县 27 个
					三穗县 5 个	长顺县 18 个			余庆县 7 个
					施秉县 14 个	贵定县 10 个			正安县 13 个
					台江县 6 个	惠水县 7 个			仁怀市 11 个
					天柱县 15 个				
					镇远县 12 个				
种类	辣椒、茄子、番茄等	茄子、马铃薯、白菜、黄瓜等	辣椒、葱、番茄等	马铃薯、大白菜、菜豆等	辣椒、茄子、马铃薯等	辣椒、番茄、大白菜等	辣椒、连藕、甘薯等	辣椒、大白菜、芹菜等	辣椒、大白菜、豇豆等

表 1.31 贵州无公害蔬菜产品分布统计

市（州）	安顺市	毕节市	贵阳市	六盘水市	黔东南州	黔南州	黔西南州	铜仁市	遵义市
数量	252	357	319	47	115	216	137	66	420
分布	关岭县 27 个 平坝区 104 个 普定县 54 个 西秀区 51 个 镇宁县 7 个 紫云县 9 个	大方县 28 个 赫章县 57 个 金沙县 52 个 纳雍县 30 个 七星关区 31 个 黔西县 44 个 织金县 41 个 威宁县 74 个	白云区 22 个 观山湖区 5 个 花溪区 18 个 开阳县 39 个 南明区 13 个 清镇市 60 个 乌当区 29 个 息烽县 67 个 修文县 53 个 贵安新区 13 个	盘州市 20 个 钟山区 27 个	岑巩县 13 个 从江县 14 个 丹寨县 6 个 黄平县 14 个 剑河县 2 个 锦屏县 8 个 凯里市 6 个 雷山县 2 个 黎平县 1 个 麻江县 1 个 榕江县 5 个 三穗县 14 个 施秉县 5 个 台江县 3 个 天柱县 10 个 镇远县 11 个	都匀市 22 个 独山县 7 个 福泉市 33 个 贵定县 4 个 惠水县 3 个 荔波县 11 个 龙里县 22 个 罗甸县 66 个 平塘县 8 个 三都县 9 个 瓮安县 19 个 长顺县 12 个	贞丰县 41 个 望谟县 22 个 册亨县 20 个 普安县 4 个 兴义市 26 个 安龙县 12 个 兴仁县 11 个 晴隆县 1 个	碧江区 16 个 德江县 1 个 石阡县 13 个 思南县 4 个 沿河县 5 个 江口县 7 个 松桃县 7 个 万山区 5 个 印江县 7 个 玉屏县 1 个	播州区 31 个 赤水市 43 个 道真县 53 个 凤冈县 5 个 红花岗区 10 个 汇川区 38 个 湄潭县 26 个 绥阳县 35 个 桐梓县 29 个 务川县 27 个 习水县 47 个 余庆县 32 个 正安县 13 个 仁怀市 31 个
种类	辣椒、茄子、番茄等	马铃薯、白菜、黄瓜等	辣椒、葱、番茄等	马铃薯、大白菜、菜豆等	辣椒、茄子、马铃薯等	辣椒、番茄、大白菜等	辣椒、莲藕、甘薯等	辣椒、大白菜、芹菜等	辣椒、大白菜、豇豆等

绿色食品生产是指在生态环境质量符合规定标准的产地，生产过程中严格按照绿色食品生产资料使用准则和生产规程要求，限量使用限定的化学合成生产资料，尤其是化学农药。目前，贵州绿色蔬菜分别有遵义华宏科技有限公司、余庆县庆丰源农业发展有限公司、遵义乡村妹农业开发有限公司、凯里市政华种植养殖专业合作社、贵州温育银芽蔬菜食品有限公司和铜仁市锦江绿色蔬菜发展产业有限公司等获得认证。产品种类较为丰富，果菜类有番茄、辣椒等；瓜类主要有黄瓜、南瓜等；豆类主要有豇豆、四季豆（表 1.32）。

表 1.32 贵州主要绿色蔬菜

企业名称	产品种类
遵义华宏科技有限公司	番茄、豇豆、姜、结球甘蓝、马铃薯、南瓜、茄子、芹菜、四季豆、芫荽、瓠瓜
凯里市政华种植养殖专业合作社	凯里线椒
贵州温育银芽蔬菜食品有限公司	健德黄豆芽
铜仁市锦江绿色蔬菜发展产业有限公司	黄瓜、茄子
余庆县庆丰源农业发展有限公司	白菜、大葱、番茄、佛手瓜、胡萝卜、黄瓜、姜、茄子、四季豆、蒜苗、线椒、豇豆
遵义乡村妹农业开发有限公司	黄杨小米辣

贵州获得有机蔬菜认证的企业多达数十家，赤水市兰溪农业开发有限公司认证种类有萝卜、魔芋、甘薯、芋、芥菜、花菜、甘蓝、菜薹、白菜、芹菜、莴笋、散叶莴苣；贵州茅台流域东升有机种植有限公司认证种类有胡萝卜、甜菜、菠菜、白菜、散叶莴苣、花菜、菜薹、豌豆、韭菜、马铃薯、紫背天葵、甘薯、芥蓝、乌塌菜、菜豆、茼蒿；贵州省龙滩口天泉绿地生态农牧开发有限公司认证种类有白菜、茼蒿、甘蓝、马铃薯、豌豆、菠菜、散叶莴苣、白菜；贵州民远华慧生态农业有限公司认证种类有紫背天葵、散叶莴苣、芸薹、白菜、茼蒿、菠菜、甘蓝、菜薹、秋葵、苋菜。

推动"三品"生产，在确保蔬菜质量的同时，也能够提升产品在省内外市场的认可度，直接关系经济效益。在保证蔬菜安全生产的基础上，在制度层面建立严格的产地准出、市场准入以及全程可监测体系，确保蔬菜产业链各环节安全。

1.3.1.2 严格监控管理体系

贵州省农业农村厅坚持贯彻绿色化发展要求，按照 2019 年全国食用农产品合格证试点工作座谈会会议精神，对省内各县市农药经营户的蔬菜基地农药使用记录、进销货台账、库房情况进行重点检查；加大对农药市场、蔬菜基地的巡检力度；督促落实农药经营户和蔬菜生产企业质量安全责任；健全农药购进、销售、使用记录；推进农药管理和草甘膦产品知识普及。例如，2019 年检查威宁县白菜、白萝卜、莲花白（简称"三白"）等重点产业，全面了解其农药使用和残留监测情况，研究分析威宁县"三白"质量安全状况，提出有效解决措施。

贵州拥有着独特的地形、气候条件，通过实施农药减量、技术优化等措施，生产了大批绿色、高端、有机蔬菜。同一时期，围绕蔬菜产品质量进行了严格的监管，为贵州蔬菜绿色化发展积累了丰富的经验。即便如此，部分地区传统农业生产方式导致的农药过量现象仍然存在，绿色发展道路经验还需要深层次、大面积推广。

1.3.2 产业示范带动

贵州在实施农村产业革命期间，不断完善基础设施，依托高效农业示范园区建设，在蔬菜生产中起到良好的示范引领作用。目前建立了省内十大蔬菜生产基地县，包括清镇市、开阳县、习水县、盘州市、西秀区、平坝区、普定县、威宁县、罗甸县、兴义市。黔货出山项目推动了贵州特色农产品走出去的速度，扩大了特色农产品的销售范围，打造了特色农产品的品牌效应；在东部省市、对口帮扶城市建立了农产品供应基地、展销中心和旗舰店；"虾子辣椒"荣获中国百强农产品区域公共品牌；毕节绿色蔬菜入选粤港澳大湾区"菜篮子"供应体系等。近年来，经多方政策引导，贵州逐渐创建了一批国家级、省级现代农业产业园、农业产业强镇以及农银企产业共同体创新试点，充分发挥其在以产业发展为基础的山地高效特色农业发展中的带头作用。

国家现代农业产业园是农业现代化的重要载体和发展平台，产业特色鲜明、要素高度集聚、设施装备先进、生产方式绿色、经济效益显著、示范带动有力的国家现代农业产业园,将成为引领农业农村现代化的排头兵、乡村产业兴旺的新样板。2019 年,以创新要素为导向,贵州省农业农村厅批准了"遵义市习水县辣椒种植加工建设""遵义市辣椒全产业链建设"等蔬菜产业相关农银企产业共同体创新试点建设。

以国家现代农业产业园为基础,根据《省农业农村厅办公室关于开展2019 年省级现代农业产业园提质增效及创建工作的通知》(黔农办发〔2019〕99 号)文件要求,贵州主要建设以蔬菜生产为主各类农业示范园区共计 80 个。其中,毕节市居首位为 16 个,以金沙县湾子辣椒产业示范园区、纳雍县特色蔬菜产业示范园区和威宁县脱毒马铃薯产业示范园区为代表,主要分布于大方县和威宁县;黔东南州以台江县巴拉芳华休闲农业示范园区、黎平县喊泉生态农业产业示范园区和榕江县车江现代蔬菜农业观光示范园区为代表的蔬菜示范园区 10 个,主要集中区域为台江县。黔西南州以晴隆县特色蔬菜现代高效农业示范园区、册亨县绿色蔬菜产业示范园区和安龙县金州出口蔬菜农业示范园区为代表的蔬菜示范园区 9 个;贵阳市以乌当区新场优质蔬菜现代高效农业产业示范园区、乌当区百宜蔬果茶特色高效农业产业示范园区和息烽县蔬菜现代生态高效农业示范园区为代表的蔬菜示范园区 9 个;六盘水市仅有六枝大用现代农业产业示范园区和水城县南开现代高效农业(蔬菜)产业示范园区 2 个;遵义市以播州区乐意蔬菜现代高效农业示范园区、播州区茅台生态循环农业经济产业示范园区和播州区枫香蔬菜现代高效农业示范园区为代表的蔬菜示范园区 9 个;安顺市以平坝区天龙黔中山地高效蔬菜产业化示范园区、普定县化处山地现代高效农业示范园区和关岭县顶云现代高效休闲观光农业生态示范园区为代表的蔬菜示范园区 7 个;铜仁市以万山区高楼坪现代高效农业示范园区、江口县坝盘精品蔬果产业示范园区和思南县塘头现代高效农业示范园区为代表的蔬菜示范园区 9 个;黔南州以罗甸县玉都北殿现代高效农业休闲示范园区、龙里县湾滩河现代高效生态农业示范园区和三都县周覃供港粤特色蔬菜示范园区为代表的蔬菜示范园区 9 个。大部分示范园以综合蔬菜产业为主导,毕节市威宁县和赫章县,以及黔南州荔波县以马铃薯产业为主导(表1.33)。

表1.33 贵州主要蔬菜农业示范园区统计

市(州)	毕节市	黔东南州	黔南州	遵义市	铜仁市	黔西南州	贵阳市	安顺市	六盘水市
数量	16	10	9	9	9	9	9	7	2
分布	金沙县1个	凯里市1个	荔波县1个	播州区4个	思南县1个	安龙县2个	乌当区2个	普定县1个	六枝特区1个
	大方县3个	黎平县1个	罗甸县2个	凤冈县1个	万山区4个	兴仁县1个	清镇市2个	西秀区2个	水城县1个
	威宁县4个	麻江县1个	都匀县2个	绥阳县1个	碧江区1个	兴义市2个	修文县1个	紫云县1个	
	赫章县1个	台江县3个	三都县2个	习水县1个	江口县2个	义龙试验区1个	息烽县1个	关岭县1个	
	黔西县2个	榕江县1个	平塘县1个	红花岗区1个	印江县1个	册亨县1个	花溪区2个	平坝区1个	
	纳雍县2个	三穗县1个	龙里县1个	汇川区1个		晴隆县1个	白云区1个	经开区1个	
	七星关区2个	天柱县1个				望谟县1个			
	织金县1个	黄平县1个							
种类	蔬菜、马铃薯	蔬菜	蔬菜、马铃薯	蔬菜	蔬菜	蔬菜	蔬菜	蔬菜	蔬菜

1.3.3 集约合理调整

集约化，属于经济术语，指的是同一经济社会活动范围内，通过提高经营要素质量、增加要素含量、集中要素投入和组合方式的改变，来实现效益增进。简言之，集约是相对粗放而言的。根据地方特点，贵州山地农业集约化生产的根本在于充分利用山地和坝区有限的优质耕地，提高单产价值，实现经济增长。由于贵州优质耕地面积小，且分散零碎，因此这里的"集中"不是单纯空间上的集中，而是基于一定条件的"统一"。贵州提出的"500亩以上坝区产业结构调整"以及"玉米调减"，正是顺应集约化发展的重大举措。以下从500亩以上坝区产业结构调整和玉米调减两个方面的贵州实践进行剖析。

1.3.3.1 500亩以上坝区产业结构调整

贵州为了进一步推进农村经济产业革命，打赢脱贫攻坚战，实现农业供给侧结构性改革，提出了加快500亩以上坝区农业产业结构调整的政策措施。各地编制完成"一坝一策"方案，围绕坝区的多方面实施方案和管理文件相继制订完成。在相关政策中，《支持新型农业经营主体推进500亩以上坝区农业产业发展的意见》提出的产值奖补、基础设施建设奖补、配套支持政策3个方面，对坝区结构调整起到了全面的鼓励促进作用。产值奖补按亩产值年平均额度，设置梯度补助标准。

各地区积极筹划区域内坝区建设。贵阳市在选择部分坝区进行重点打造，市级预算向重点坝区倾斜，实现工作项目化、项目资金化；其中，结合花溪区各区域的气候、土壤、区位、农民种植积极性等条件，将马铃乡精品蔬菜基地、黔陶乡香细菜产业、青岩镇次早熟蔬菜产业以及高坡乡农旅开发作为坝区建设的重点战场，进一步打造高标准、多模式、品质优的坝区产业。

各地区的有效实践也验证了围绕坝区进行综合规划能够起到良好的作用。如遵义市余庆县满溪坝区依托龙头企业，实现600亩散田的综合规划，统一种植，亩产值达2万元。

土地流转是坝区产业发展的基础性工作。大力支持龙头企业对坝区土地进行流转，利用龙头公司的市场、技术、资金等方面优势，助推产业规模化发展。如六盘水市坝区已流转 3.86 万亩土地，其中 11 个坝区实现土地 100％流转；坝区内建设百亩以上标准化、规模化蔬菜基地 6 个，逐步完善推进集约化生产。

1.3.3.2 玉米调减

由于地形限制、耕地破碎加之土壤瘠薄、水利灌溉条件差，玉米一直是贵州传统农业的主栽作物。然而，单产水平不高，投入产出率低，且易造成水土流失，传统玉米大规模种植在经济效益和生态效益上的弊端日益显现。

2018 年，贵州凭借交通改善带来的优势，大规模推进农村产业结构调整，调减低效玉米种植面积 785 万亩，将其转换为蔬果药茶菌等高效替代作物，粮食和经济作物比例调整到 35∶65。基于玉米调减政策，贵州各地的不同替代措施取得了良好效果。毕节市纳雍县骟岭镇 2019 年计划调减玉米种植面积 7 000 亩，下辖祠堂边村平均海拔 1 700 多米，多低温雨雪天气，不适于矮秆作物生长，以茶树替代，套种马铃薯，同时差异化种植高山冷凉蔬菜等。黔南州龙里县湾滩河镇以豌豆尖替代，亩产 2 400 斤*，对接粤港澳和沿海市场，获得良好收益。作为国家级贫困县之一，普定县近年来推动农村产业结构调整，用优质高效的韭黄种植全面替代了传统玉米等低效农作物，大幅提升了农民收入，于 2018 年顺利脱贫。

1.3.4 典型实践经验

1.3.4.1 道真县

道真县围绕"稳烟、固茶、兴菜（菇）、强药、做特"产业发展思路，着力推进农业产业化工程，计划到 2021 年，常年投放菌棒 2 亿棒、种植商品蔬菜（辣椒）20 万亩，从产业规划、主体培育、基础配套、产销对接等方面持续发力，全力打造"菜县菇乡"。全县搭建"县统筹、镇对接、村生产"架构，即在县级层面成立 1 个国有公司负责牵头抓总，14 个乡镇成立分公司组织销售并向村集体下订单，83 个行政村组建"村社合一"的专业合作社蔬菜产业生产模式和组织架构；重点规划打造"七带四园"，

---

* 斤为非法定计量单位。1 斤＝500 克。

即 7 条蔬菜产业示范带和 4 个万亩蔬菜产业园，连片带动蔬菜产业发展；突出抓好"三块基地"，包括 1 000 亩乡镇示范基地、200 亩村级推广基地、50 亩组级生产基地。目前，累计完成蔬菜（辣椒）种植 37 万余亩，其中辣椒完成 17.2 万亩、南瓜 1.57 万亩、甘蓝 5.42 万亩、花椰菜 2.71 万亩、白菜 2.47 万亩、其他商品蔬菜 7.63 万余亩，全年蔬菜产量预计达 55 万余吨以上，产值达 12 亿元。

蔬菜产业方面，通过上海对口帮扶援建项目，建设薄膜连栋温室及物联网示范大田。项目引进高科技农业技术，建设集农业科技示范、高质量蔬菜育苗于一体的 3 000 平方米示范基地。在河口镇引进福建福贵公司开始订单种植辣椒和花椰菜，之后又成立村级合作社开始多元化种植；后期为了实现公司与合作社的资源共享、共赢互利，在镇党委、政府的主持下，通过整合合作社、福贵公司和本地资源，于 2018 年注册宝慷农业发展有限公司。按照"1＋7＋N"的模式运行，即以宝慷公司为龙头，与 7 个村级合作社签订订单合同，带动 N 个大户和贫困户种植商品蔬菜，实现镇级抓销售、村级抓生产。业务范围涉及在镇内自行选址兴办 1 000 亩以上的商品蔬菜示范种植基地；与群众签订商品蔬菜订单种植合同，收购、包装、销售符合质量标准的商品蔬菜；提供种子、技术推广培训、质量认证、产地认证和信息技术服务，以及流通和追溯体系建设、品牌建设。生产和订单种植的品种有花菜类、瓜类、豆类及辣椒系列等 10 多个品种，产品主要销往上海淘菜猫、家家乐、永辉等 9 家大型超市，复旦大学、同济大学、华东政法大学等 9 所高等院校，以及重庆、成都、武汉、杭州等地。目前带动群众 3 500 户种植订单商品蔬菜 1.5 万亩，每年在生产、收购、销售中解决 400 多人就近就业，年生产销售收入预计 5 000 万元以上。

综合考量道真县产业定位、自然环境条件、市场需求、脱贫工作需要、技术门槛低和农民意愿，发展食用菌生产。采取送出去学、请进来教和面对面帮等方式进行农民培训；依靠政府补贴、对口帮扶、农户自筹以及公司垫付完成资金筹措；组织上采取党组织引领、企业找市场、合作社经营和贫困户参与相结合的方式；在基层党建上，设置党员责任区，将园区的大棚划片，逐一包干到每名党员身上，明确党员服务联系责任，建立党员服务群众平台,充分调动积极模范带头作用。以同辉公司为例,每棚每季产菇约 2.3 万斤,每斤平均 3.5 元,产值约 8.05 万元,按照不同对象和性质采取不同利益联结模式。

1.3.4.2 普定县

普定县位于贵州省中部偏西,是国家级贫困县之一。近年来,全县推动农村产业结构调整,用优质高效的韭黄种植全面替代了传统玉米等低效农作物,大幅提升了农民收入,于 2018 年顺利脱贫。

根据 2017 年农业增加值构成可以看出,普定县以种植业为主要产业,畜牧业占种植业的一半,林业、渔业均有少量配置。近年来,普定县因地制宜,把韭黄产业打造成"一县一业"的主导产业,坚持全区域式规划、连片式打造、差异化发展。

为保证韭黄安全绿色生产,2019 年普定县建立韭黄主要病虫害绿色防控技术示范基地共计 4.5 万亩,在选用优质抗性强的富韭黄 2 号品种的基础上,绿控基地实行稻菜轮作;基地注重养护和调理土壤,合理施用有机肥和微生物菌剂,减轻土传病害的发生;清洁菜地,中耕除草,采收后及时清除残茬,减少病虫源;推广免疫诱抗技术,提高抗逆性;采用天敌、性诱、灯诱、色诱等生物、物理措施控制害虫;科学用药,优先使用生物源农药,严格执行安全间隔期。目前,普定韭黄绿色防控项目示范区的基地绿色防控覆盖率达 100%,农药使用量减少 50% 以上,示范区防治效果 80% 以上,病虫害平均损失 10% 以下。

目前,普定正全力谋划,拟建设韭黄研究中心、韭黄大数据中心、韭黄交易中心等特色产业研发中心,通过现代科学技术,分析监测普定县 10 万亩韭黄的上市时间、产量、品质等,实现统一管理、以产定销,保证市场大订单的需求。同时,加快冷链物流建设,加强韭黄的保鲜运输,确保韭黄"卖得出""卖得好"。从全国贫困县到韭黄大基地,普定县探索出的"因地制宜、产销一体、技术支撑"的农业产业发展道路值得借鉴。

1.3.4.3 绥阳县蒲场镇

蒲场镇地势西南高,平均海拔 870 米,东北低平,高山、半高山,坝区并存。交通便捷,土地肥沃,阳光充足,雨水充沛,年平均气温 16℃左右,常年降水量 1 200 毫米,无霜期 285 天,年日照时数 1 114.2 小时左右，适宜发展蔬菜等产业。

根据农户和蔬菜种植专业合作社种植技术基础状况，结合蒲场镇蔬菜种植分布实际，以光照条件好、排灌方便、土壤肥沃的坝区村蒲场、儒溪、高坊子、七九村连片实施。相对集中连片点 5 个，规划面积 10 000 亩；大溪村、宜安社区、新场村为分散种植示范区，规划面积 400 亩。目前蒲场镇蔬菜种植面积约 13 000 亩（复种面积），主要以冬瓜、南瓜、西蓝花、白菜、红菜薹、儿菜、辣椒、白萝卜、莲花白等 20 多个品种为主，主要销往遵义、本地（部分销往重庆）。所有蔬菜种植区域严格按照无公害农产品生产技术标准，规模化、规范化、标准化种植，确保生产出来的蔬菜达到无公害蔬菜质量标准。同时，规模化、规范化、标准化和生产技术到位率达到 100%。核心示范区周年亩产值达到 8 000 元以上，力争1 万元，一般种植区周年亩产值达到 6 000 元以上。根据不同季节安排好茬口衔接，根据市场需求选择栽培品种，推荐番茄（黄瓜、菜椒、茄子、豇豆、菜豆）-芹菜（莴笋）-早春花菜、春萝卜（西葫芦）-白菜-西蓝花、干辣椒（黑皮冬瓜）-大葱、干辣椒-莲花白、鲜辣椒-豇豆-西蓝花等主要种植模式，让农户根据具体情况选用，农户也可根据自身优势条件设计种植模式。根据蒲场镇适宜种植辣椒的土壤、气候条件，农户耕作水平和种植习惯，以蒲场、儒溪、高坊子、七九、大溪村为主要种植区，面积约 18 000 亩，新场、宜安、大桥村零星分散种植，面积 1 000 余亩。坝区村组和连片种植区域要求严格按照无公害农产品生产技术标准，规模化、规范化、标准化种植。坝区村组和连片种植区域亩产量达到 500～700 斤干辣椒，亩产值 5 000～7 000 元，高山和半高山种植区亩产量 300～500斤，亩产值 3 000～5 000 元。推广地膜覆盖栽培，采用营养钵育苗或托盘漂浮育苗技术，选用本地市场畅销的小果型朝天椒和坛子椒品种，如单身理想 52 号、瑞星 K58、红晶坛子椒、单身汉朝天辣等。

1.3.4.4　贵三红食品有限公司

贵三红食品有限公司立足贵州辣椒产业优势，旗下"贵三红""辣三娘"品牌先后获得农业农村部农产品加工重大关键技术示范项目单位、省农业产业化经营重点龙头企业、省农产品加工示范企业、省扶贫龙头企业、中国食品工业实施卓越绩效模式先进企业、中国辣椒 TOP20 强企业等称号。

近年来，立足遵义资源优势和劳动密集型产业特点，积极运用"龙头企业＋合作社＋农户"组织方式，充分发挥企业发展加工、对接市场的龙头引领作用，在播州、新蒲、凤冈等地引导建立农民专业合作社，通过合作社联结农户，建立稳定原料基地，实现各方分工协作、优势互补，有力地促进了辣椒全产业链发展和农民脱贫增收。

公司根据市场需求，科学引导辣椒种植规划布局，向合作社推荐辣椒品种和市场价格等信息，保障订单基地辣椒产品顺应市场消费、符合原料需求。遵义医科大学、遵义师范学院、遵义职业技术学院、遵义市农业科学研究院等科研院所提供技术服务，累计开展辣椒生产、病虫防治、采收烘干等技术培训 50 余次，不断提高生产水平和产品质量。

2 | 大宗蔬菜栽培原理与关键技术

2.1 蔬菜播种育苗技术

2.1.1 播种育苗准备

2.1.1.1 播期选择

　　每种蔬菜对温度都有不同的要求，有的喜热、有的喜寒，生长期也有长有短。这些因素决定了它们的栽种时间。例如，大白菜是喜寒的蔬菜，可以在初春播种，也可以在初秋播种。因此，要了解蔬菜对温度的要求、成熟需要的时间，还要了解当地的气候特征，才能知道什么时候种什么菜最适宜。总体上，可以将蔬菜分成以下类别：

　　(1) 喜热型不经霜。番茄、茄子、青椒、甘薯、花生、四季豆、毛豆、菜豆、西瓜、南瓜、黄瓜、葫芦、苦瓜、丝瓜、甜瓜、苋菜、空心菜、玉米、芋头、芝麻、向日葵等喜热型蔬菜，要在春季解霜、天气转暖、气温稳定后栽种。长得比较慢的喜热型蔬菜，需早一些栽种，有的不等解霜先在温室里育苗，以保证能有足够长的时间成熟。至于长得快的喜热型蔬菜，如空心菜、苋菜等，则可以从春季一直种到夏末秋初。

　　(2) 喜寒型不耐热。大白菜、白萝卜、芥菜、甘蓝、卷心菜、花椰菜、芜菁、马铃薯、生菜、莴苣、胡萝卜、芹菜、甜菜、菠菜、香菜、小白菜、洋葱、葱、韭菜等，幼苗时需要凉爽的天气，成熟时霜寒可以增进风味。喜寒型的蔬菜，在没有霜的地区，可选择春秋两季种植；而为了保证有霜的地区正常生长，通常应于初秋或者夏末季节种植。成熟快的喜寒型蔬菜，如樱桃小萝卜、小白菜、生菜等，春季均可以栽种。

(3) 耐寒型。 蚕豆、豌豆、芦笋、荠菜等，苗期能够耐受一定的低温环境，但其成熟需气候变暖方能完成，故应于霜降前一段时间种植，使其幼苗安全过冬，待翌年温度回升后继续完成生长。

南方主要蔬菜栽培时期见表2.1。

表2.1　南方主要蔬菜栽培时期

播种月份	蔬菜品种
1	早春黄瓜、早春西葫芦、早春瓠瓜、早春丝瓜、早春苦瓜、早春南瓜、早春冬瓜、早春甜瓜、早春西瓜、中晚熟番茄、春芹菜、春青花菜、春花菜、春甘蓝、紫甘蓝、结球生菜、小白菜、春菠菜、春莴笋
2	早春黄瓜、早春瓠瓜、早春西葫芦、早春节瓜、有棱丝瓜、早春四季豆、早春豇豆、矮菜豆、早春扁豆、尖干椒、早春甜玉米、早春毛豆、早春樱桃萝卜、早春竹叶菜、生菜、小白菜、大白菜、菠菜、苋菜、早春落葵、荆芥、早春莲藕、马齿苋、菜心、茼蒿、牛皮菜、香椿、蕺菜、灰灰菜、薇菜、蕨菜、蒲公英、金丝瓜、菜瓜、蛇瓜
3	黄瓜、甜瓜、西瓜、中晚熟苦瓜、中晚熟丝瓜、中晚熟冬瓜、中晚熟南瓜、中晚熟葫芦、佛手瓜、春四季豆、春豇豆、扁豆、早毛豆、刀豆、高山茄子、高山辣椒、春萝卜、春大白菜、小白菜、春胡萝卜、芹菜、四棱豆、春水芹、早莲藕、慈姑、芋头、山药、洋姜、豆薯、竹叶菜、苋菜、韭菜、大葱、分葱、小茴香、金针菜、紫苏、荠菜
4	晚黄瓜、菜瓜、晚豇豆、矮豇豆、晚毛豆、高山番茄、高山甘蓝、高山西芹、夏芹菜、晚莲藕、茭白、魔芋、小白菜、豆瓣菜、芥菜、生姜、黄秋葵、石刁柏、笋瓜
5	夏黄瓜、夏秋冬瓜、夏豇豆、夏毛豆、夏茄子、夏辣椒、高山甘蓝、高山花菜、高山芹菜、高山莴笋、高山萝卜、高山胡萝卜、早熟菜心、竹叶菜、苋菜、小葱、白花菜、小白菜、生菜、夏花菜、樱桃萝卜、荠菜
6	夏黄瓜、高山黄瓜、高山瓠瓜、高山四季豆、夏豇豆、秋茄子、秋芹菜、早熟花菜、中熟花菜、夏甘蓝、球茎甘蓝、竹叶菜、荸荠、苋菜、甜瓜、秋番茄、秋辣椒、芫荽
7	秋黄瓜、延秋瓠瓜、延秋西瓜、延秋甜瓜、秋豇豆、秋四季豆、延秋辣椒、延秋茄子、延秋番茄、延秋西芹、秋莴笋、晚花菜、秋甘蓝、紫甘蓝、抱子甘蓝、秋青花菜、芜菁甘蓝、早熟红菜薹、早秋萝卜、秋胡萝卜、早大白菜、菜心、早蒜苗、秋大葱
8	延秋黄瓜、延秋西葫芦、延秋四季豆、越冬辣椒、越冬甜椒、越冬茄子、越冬番茄、延秋莴笋、冬芹菜、水芹菜、延秋青花菜、早芥蓝、冬甘蓝、越冬花菜、红菜薹、雪里蕻、秋腊菜、大头菜、秋萝卜、晚熟萝卜、中熟大白菜、晚熟大白菜、豆瓣菜、秋菠菜、蒜薹、蒜头、韭菜、荞头葱、早藜蒿、晚藜蒿、荠菜、奶白菜、苋菜、球茎茴香

（续）

播种月份	蔬菜品种
9	越冬黄瓜、越冬西葫芦、越冬丝瓜、越冬苦瓜、越冬芸豆、荷兰豌豆、青豌豆、蚕豆、冬莴笋、结球生菜、深冬青花菜、晚熟红菜薹、雪里蕻、小白菜、牛皮菜、菠菜、茼蒿、洋葱、芫荽
10	早春辣椒、早春茄子、早春甜椒、越冬甘蓝、紫甘蓝、越冬莴笋、晚芥蓝、越冬萝卜、小白菜、散叶生菜、雪里蕻、腊菜、菠菜、茼蒿、藜蒿、芫荽
11	早春丝瓜、早春苦瓜、早春南瓜、早春冬瓜、早春番茄、早春扁豆、春茄子、春辣椒、春花菜、春萝卜、小白菜、菠菜、水芹菜、蕨菜、薇菜、早春花菜、早春甘蓝
12	早春黄瓜、早春西葫芦、早春瓠瓜、早春西瓜、早春甜瓜、早春番茄、晚辣椒、晚茄子、香瓜茄、蛇瓜、早春架豆、早春南瓜、早春冬瓜、早春丝瓜、早春苦瓜

贵州大宗蔬菜播种时间和播种量参考：

萝卜：全年均可种，但以秋冬为主，种子发芽适温 20～25℃，叶片生长适温 15～20℃，肉质根生长适温 13～18℃（冬萝卜：8～9 月播种，10～12 月收获；春萝卜：晚秋和初冬播种，翌年 2～3 月收获；夏秋萝卜：春夏播种，夏秋收获）。种子千粒重 7～8 克，每克种子 125～143 粒，直播需种量 200～250 克/亩。

大白菜：根据品种不同全年可种，一般 9～10 月播种。种子千粒重 2.8～3.2 克，每克种子 313～357 粒，直播需种量 125～150 克/亩。

茄子：四季栽培。春茄 9～10 月播种，12 月定植，翌年 4～6 月采收；夏茄 2～3 月播种，4～5 月定植，6～8 月采收；秋茄 3～4 月播种，4～5 月定植，7～11 月采收；冬茄 8 月上旬播种，10 月定植，11～12 月采收。种子千粒重 4～5 克，每克种子 200～250 粒，育苗需种量约 50 克/亩。

辣椒：可常年种植。12 月至翌年 1 月育苗，2～3 月定植；8 月上旬育苗，10 月至翌年 2 月采收。种子千粒重 5～6 克，每克种子 167～200 粒，育苗需种量约 150 克/亩。

菜豆：1～3 月春播，9～10 月秋播。矮生种子千粒重约 500 克，每克种子约 2 粒，直播需种量 6 000～8 000 克/亩；蔓生种子千粒重约 180 克，每克种子 5～6 粒，直播需种量 1 500～2 000 克/亩。

2.1.1.2 种子处理

有些种子常带有病原物，如菌核病中的菌核，就会常混在种子里。播种前可用风选、筛选或者是水选的方法淘洗干净。种子可先用干净冷水预浸 3 小时左右，然后用 52～55℃温水浸种 20～30 分钟，并不断搅拌，至水温 40℃以下时，换清水洗净捞出，用湿棉布包好催芽。温水浸种法既能杀灭种子表面的病菌，又能加速种子的吸水，可提前达到所需要的水分，主要蔬菜种子的浸种时间在 2～12 小时不等。浸种时间要适当，时间过短，种子不能充分吸湿膨胀；时间过长，则吸水太多，种子易烂。常见蔬菜种子适当的浸种时间为：黄瓜 4～6 小时；番茄 6～8 小时；甜椒 10～20 小时；辣椒 12～24 小时；茄子 24～36 小时；西瓜 48 小时；冬瓜 20～24 小时；西葫芦 5～6 小时；甘蓝 24～48 小时；菜花 3～4 小时；芹菜 24～36小时；小白菜 2～4 小时；茼蒿 8～12 小时；菠菜 10～12 小时；菜豆 2～4 小时。

也可对种子进行药剂浸种处理：一种是药剂浸种，先将种子用水浸 2～3 小时，根据蔬菜和病菌种类，分别选用 10％的高锰酸钾或 10％磷酸钠、1％硫酸铜、100 倍的 40％甲醛等浸种 10 分钟左右，但要注意用清水冲洗，直至将药剂冲洗干净后，才能进行催芽或播种；另一种是药剂拌种用，用药量为种子重量的 0.3％，与种子拌匀后直接播种。

2.1.1.3　苗床消毒

育苗前首先要对育苗棚、地面进行全面消毒，可用 45％百菌清烟熏剂熏蒸，或用 50％氯溴异氰尿酸 800 倍液全面喷雾；最好采用基质育苗，防止土壤及粪肥带菌。先准备好配比合理的苗床土，如床土中配有畜禽粪便之类的农家肥，必须腐熟发酵透。如果选用育苗土育苗，播种前最好进行药剂土壤处理，床土一定要消毒处理，苗床常用消毒方法有：50％多菌灵可湿性粉、70％甲托可湿性粉按 1：1 混合进行土壤消毒。以上药剂的用量按苗床面积每平方米 8～10 克加细土 10～15 千克，拌匀后配成药土，播种前 2/3 撒于苗床上，1/3 于播种后盖于种子上。穴盘可用高锰酸钾 1 000 倍液或 40％福尔马林 200 倍液浸泡 30 分钟消毒，洗净晾干待用。

2.1.2　穴盘育苗技术

为保证出苗质量和整齐度，目前育苗技术以穴盘育苗为主，这也是现代工厂化育苗最常用的方式。穴盘育苗方法首先是将调配好的基质填入穴盘内，后于其中播种，栽培成苗供进一步移栽。此种育苗方法在工厂化、规模化育苗中应用广泛，是适宜于现代化蔬菜育苗较为先进的技术。穴盘育苗的目的是培育标准化壮苗，其核心是育苗基质、环境控制以及肥药管理。

2.1.2.1 育苗基质

（1）**基质成分**。育苗基质是整个技术体系的关键，基质既是幼苗生长的固定支撑体，又是保持水分和营养、提供根系正常生长发育环境的重要条件。基质质量及使用方法直接影响出苗质量和幼苗素质，选用适宜的基质是穴盘育苗的重要环节和培育壮苗的基础。如果是自配基质，要注意不同物料的比例，反复试验，以草炭为主的，要选择质地良好的低位草炭，与无机物料混配时比例不能低于 40%；以腐熟有机物料为主的，一是要保证腐熟度要适宜，二是要注意颗粒的大小，一般过孔径 5 毫米的筛子即可。农村自制常用的育苗基质配方为：腐熟的鸡粪、腐熟的牛粪、细土按体积 1∶1∶1 的比例。

无土育苗是指不用天然土壤，而利用蛭石、泥炭、珍珠岩、岩棉等天然或人工合成基质及营养液，大量快速培育作物种苗的现代化育苗方法。无土育苗的显著优势是减轻了劳动强度；育苗基质体积小、重量轻，便于秧苗长途运输和进入流通领域；基质和用具易于消毒，减轻了苗期土传病虫害的发生；可进行多层架立体育苗，提高了空间利用率；便于实行标准化管理和工厂化、集约化育苗；秧苗素质优于常规土壤育苗；要求更高的设备和技术条件，成本相对较高。无土基质一般以富含有机质的材料（如草炭、腐殖土、腐熟的植物秸秆）为主，再配以适当比例的轻质无机材料（如膨胀珍珠岩、蛭石）组成。首先要了解基质的成分，了解基质的基础养分情况。另外，每一批基质理化特性都多少有些变化。因此，一批基质购进之后，要检测基质的基本理化特性，特别要了解基质的电导率、持水特性、通气特性，为幼苗的水分和养分管理提供依据。

不同基质的理化特性不同，这些基质既可以单独使用，又可以按一定比例混合使用，一般混合基质育苗的效果更好。要求具有较大的孔隙度、合理的气水比、稳定的化学性质，且对秧苗无毒害。材料颗粒大小、孔隙度、电导率、容重等理化性质的不同，育苗效果差异较大。研究表明，基质粒径、电导率、容重、吸持水含量和总孔隙度与幼苗长势有较强的相关性。基质原料的采集和选用应充分考虑当地现有资源，做到循环合理利用，从而降低育苗所需成本，故不同地区常用的主要育苗基质存在差异。20 世纪 60 年代初，美国康奈尔大学开发由不同比例草炭、蛭石、珍珠岩组成的混合基质，是现代基质的前身。目前，我国习惯性采用两者复配（体积比为 2∶1 或 3∶1）用于穴盘育苗，由于草炭和蛭石天然含有植物苗期所需元素，而很多蔬菜幼苗需较长的育苗期，为防止后期营养供应不足，还需额外补充。播种后通常以配好的基质覆盖，而更为科学的方法是以蛭石覆盖，原因是蛭石在制造过程中通过高温杀菌消毒，能够有效防止幼苗茎基部发生病害，同时不易被浇水冲刷掉，蛭石与基质另外两种成分持水特性不同，不容易造成基质水分由毛细管上升的作用，形成穴盘表面干、内部湿。目前，基质配方正由传统基质配方向新型基质配方转变。

（2）配方优化。 国内目前使用以草炭为主的穴盘育苗基质，其不可重复利用性造成草炭资源较大浪费和破坏。在有限资源制约和循环农业倡导下，越来越多的新型基质配方不断出现。例如，育苗基质中用菇渣替代草炭，不仅解决了草炭资源紧缺的问题，同时也为菇渣的合理处置找到了出路。国内外研究表明，菇渣发酵腐熟后，质地疏松，保水性好，在理化指标方面可与草炭相媲美，被认为是一种潜在的很好的草炭替代物；并且，取材广泛、价格低廉、可再生，是一种良好的育苗及栽培基质，有广阔的市场前景。研究表明，菌渣基质培育的可移栽植株的生物量和营养成分相当于或高于纯草炭基质培育的植株。将菇渣基质应用于甜椒和番茄育苗，发现其株高和茎粗等农艺指标均显著优于草炭基质，对两种蔬菜苗期生长发育具有更有效的促进作用。利用含菇渣配方栽培温室黄瓜，发现黄瓜的生长发育指标和产量品质上都远远超过普通商品配方。

利用菇渣替代草炭培育番茄和黄瓜幼苗的研究发现，其可以在温室栽培中广泛使用；对双孢蘑菇（SMS－AB）、平菇（SMS－PO）以及两者等比混合的菇渣与泥炭按不同比例混合，培育番茄、瓠瓜、辣椒 3 种幼苗的研究表明，高达 75% 的 SMS 可以与泥炭混合用于植物的种子发芽，在幼苗生长阶段，番茄表现对所有基质的适应性，而瓠瓜和辣椒则适应以

SMS-AB 为底物的基质以及含有低剂量 SMS-PO 和 SMS-50 基质培养。大量研究结果都表明，菇渣废弃物经过腐熟处理后可以作为有效的资源用于基质育苗和栽培中，并且可以用来取代或部分替代泥炭。有关不同作物的研究表明，用腐熟锯末、花生壳、芦苇末、棉籽壳、糖渣、炉渣、作物秸秆、褐煤和腐殖土等可以部分或完全替代无土栽培基质中的草炭。但是，某些基质存在一定推广层面的限制因素，如成本较高、效果不稳定以及制作工艺烦琐等。

2.1.2.2　环境控制

幼苗的生长发育受环境条件的影响，只有在育苗过程中创造适宜的环境条件，才能达到培育壮苗的目的。国内多地以及贵州省内示范区已实现了利用物联网对设施育苗大棚进行智能控制。

（1）**光温调节**。苗期管理的中心是设法提高光能利用率，改善秧苗温度条件。这是育成壮苗的重要前提之一。大棚因有塑料薄膜覆盖，形成了相对封闭、与露地不同的特殊小气候。设施内光照条件与外界光照情况直接相关，涉及透明覆盖材料本身的特性及其污染程度的影响。新薄膜透光率通常可以达到80%以上，雾气在薄膜上汇聚形成水滴，产生漫反射消耗，加之薄膜沾污和设施本身结构材料与压膜材料影响，在使用过程中薄膜透光率都会逐渐降低。针对以上问题，可通过以下方式解决：选择合理的育苗设施方向并改进其结构，尽量增大采光面，增加入射光，减少阴影；选用透光性好的覆盖材料，及时清扫，保持表面洁净，增加光照度；加强不透明覆盖物的揭盖管理，处理好保温和改善光照条件的关系，尽可能早揭晚盖，延长光照时间；幼苗出土后，应及时见光绿化，并随着幼苗生长逐渐拉大苗距，避免相互遮阳。

高温季节育苗，播种后在夏季高温季节基质内部温度会达到50℃。这种温度条件下，会造成种子窒息死亡。应采取措施降低基质内部温度，如遮阳、选择阴天播种等。大棚的温度调控主要通过通风换气和加温来进行。利用揭膜通风换气是降低和控制白天棚内气温最常用的方法。通风换气要缓慢进行，晴天9：00～10：00揭开小拱棚通风一段时间后，根据棚内温度适当打开中棚和大棚通风，避免冷风直接吹入，以防棚室温度过低伤苗；通风量由小到大、时间由短到长。阴天无降雨时，利用中午温度较高时在背风面进行短时间通风换气，降低苗床内湿度，但应以幼苗不发生冷害为前提。采用遮阳材料，减少大棚的受光量，也能防止棚内气温过高。夏季高温播种后，一般从 9：00～17：30，要设 2 层遮阳网遮阳，定时通风，尽量维持温度在 30℃以下，适当降低夜晚温度。当出苗较为整齐后，有步骤地撤去遮阳网，并提高昼夜温差以利于培育壮苗。低温季节，为了减少热量损失，提高气温和土温，棚膜要尽量盖严。可在大棚四周设置风障，大棚内设小棚多层覆盖；也可采用加温措施提高温度，如热风机、电热线等。另外，对于大规模、专业化、商品化育苗，人工补光可以缩短育苗的周期，提高设施利用效率，保持育苗生产的稳定性，实现按计划向生产者提供秧苗。

（2）湿度调节。水分是幼苗生长发育不可缺少的条件，在幼苗的组织器官中，水分占其总重量的 85% 以上。育苗期间，控制适宜的水分是增加幼苗物质积累、培育壮苗的有效途径。苗床水分管理的总体要求是保证适宜的基质含水量，适当降低空气湿度，应根据作物种类、育苗阶段、育苗方式、苗床设施条件等灵活掌握。

第一，合理浇水通风。在棚室内温度较低，特别是不能通风时，空气湿度大，要严格控制浇水，苗床可撒细干土或干基质等降低湿度。苗床确实干旱时，一般可在晴天 10：00 浇水并注意通风排湿。夏季避免正午前后浇水，傍晚后停止浇水，关闭湿帘，夜间应尽量保持较低湿度，避免叶片沾湿，否则高温高湿环境易引发苗期徒长和病害。注意控制浇水量，过大则会诱发绿藻和病害，还会造成幼苗徒长，根系发育较差，定植到田间后则缓苗慢，生长势弱。另外，幼苗也不容易从穴盘内拔出。正确的浇水应该见干见湿，干长根，湿长叶。

第二，采用无滴膜覆盖。棚室由于内外温度的差异，棚膜结露是不可避免的。最好是采用无滴膜，可明显降低棚内湿度，且透光性能好，有利于增温降湿。

2.1.2.3 肥药管理

（1）基质肥施用。苗期采用"以促为主，适当控制"的方法。每立方米混合基质加入 15 - 15 - 15 氮磷钾三元复合肥 2.5 千克，或 1.2 千克尿素和 1.2 千克磷酸二氢钾，与基质混合使用；如苗子较弱，可喷施 0.2%

磷酸二氢钾和0.1％氯化钙提高抗病力。施肥与浇水结合进行，由于苗床土比较肥沃，苗期生长量小，秧苗基本不会缺肥，苗期很少施肥。但在分苗和定植前要施一次肥，浓度不宜过高，施清水肥或0.1％～0.3％的尿素与磷酸二氢钾。追肥时，注意不要把粪肥沾在秧苗的茎叶上，以防烧伤秧苗而感染病害；施肥时间要严格掌握，最好是在晴天的中午前后进行。此外，施肥或浇水还要根据天气变化和床温等情况灵活掌握。

（2）**营养液使用。**育苗营养液可使用无土栽培的配方，根据具体作物种类确定，常用配方如日本园试配方和山崎配方，使用标准浓度的1/3～1/2剂量，也可使用育苗专用配方。叶菜类育苗可采用配方 N 140～200 毫克/千克，P 70～120 毫克/千克，K 140～180 毫克/千克；茄果类育苗配方前期 N 140～200 毫克/千克，P 90～100 毫克/千克，K 200～270 毫克/千克，后期 N 150～200 毫克/千克，P 50～70 毫克/千克，K 160～200 毫克/千克。除使用标准营养液外，也可用氮磷钾复合肥（$N - P_2O_5 - K_2O$ 含量 15 - 15 - 15）配成溶液后喷灌秧苗，子叶期的浓度为 0.1％，1 片真叶后提高到 0.2％～0.3％。

目前已有研究者证明，许多外源物质的施用对幼苗体内多种生理功能具有调控作用，如植物光合机制、营养运输、酶活性变化以及激素水平调控等。尤其在植物处于逆境时，适宜的外源调控能够起到重要作用。番茄在苗期受到弱光逆境胁迫时，利用亚精胺处理可通过缓解膜脂过氧化过程和激活抗氧化酶活性，诱导其适应性反应，维持相对较强的光合作用。另外，2，4 - 表油菜素内酯处理也能够从光合作用角度缓解弱光逆境的不利影响。弱光胁迫抑制黄瓜幼苗气孔导度、光合速率以及蒸腾速率，而添加 6 - BA 处理可显著提高幼苗光合性能，有效抵御胁迫作用。另外，大量证据从宏观层面上证明，苗期施用钙素能够增强植物细胞或组织的多种抗性，如耐旱性、耐冷性、耐热性、耐盐性以及抗病性等。

（3）**药剂预防。**病虫防治工作要遵循"防重于治，以防为主"的原则，从栽培管理着手，采取综合措施控制环境条件，提高秧苗的抗性。做好病害防治：猝倒病和立枯病是苗床常见病害，出苗后及时喷洒药剂预防。猝倒病可喷 72.2％的普力克水剂 600 倍液、64％杀毒矾可湿性粉 800

倍液；立枯病可喷 20％甲基立枯灵乳油 1 200 倍液、75％百菌清可湿性粉 600 倍液。如果立枯病、猝倒病混合发生，可用 50％福美双可湿性粉 800 倍液＋72.2％普力克水剂 600 倍液混合喷雾。以上药剂必须在晴天上午喷洒，一般每 7～10 天一次，喷 2～3 次即可。

2.1.3　炼苗技术

蔬菜播种后，前期在温暖、湿润、水肥充足的条件下萌芽、出苗、生长，各方面环境和保护措施都十分全面到位。当幼苗长到一定标准进行移栽定植时，因为外界的水、气、温、肥、光等环境都发生了巨大变化，如果此时把从各方面生长环境优异的幼苗猛然间移栽种植到这样的环境中，由于温室环境和外界环境有很大的差别，幼苗容易出现以下两方面的问题：一方面，此时的幼苗幼弱娇嫩，根系发育不完整、水肥营养吸收能力弱，叶片数量比较少、光合作用生成的养分物质少，容易导致移栽定植后因为养分不足而出现缓苗迟、脱水脱肥、长势黄弱甚至受冻死棵等现象；另一方面，刚长成的幼苗对外界不良环境的抵抗能力、抗逆性比较差，既不耐旱耐寒，对病虫害的抗性也比较低，不但容易出现长势差、发棵慢甚至生长停滞问题，也容易被各类病虫害侵害，很容易降低移栽成活率。以上都不利于作物后期的正常生长发育和生产。

所谓炼苗，即在幼苗正式移栽定植前，通过放风、增光、降温、控水控肥等方式逐步改变外界的环境，使幼苗慢慢地完全适应外界的生长环境，通过减少幼苗的水肥营养吸收，让幼苗的根系发达、植株更加健壮有韧性、茎秆粗短有力、叶片浓绿，从而在移栽定植后能够更好地适应和抵御外界的各种不良环境，大幅提高自身抗寒、抗旱、抗风、抗病害能力，同时能够更快地完成缓苗恢复正常生长，实现快速生长、早发棵、长壮棵，最终达到提高移栽定植成活率、为后期健康生长发育打下良好的基础。炼苗方法对秧苗质量有直接影响，正确的方法可以使秧苗的移栽成活率高、缓苗快、长势苗壮、抗逆性强，定植后早开花、早结果、早成熟；而错误的操作则导致秧苗小而弱，定植后长势不好，不利于中后期花芽分化。因此，应在准确判断各类蔬菜壮苗标准的基础上，进行科学合理的炼苗管理。

2.1.3.1 炼苗方法

（1）炼苗时间。 一般为 1 周左右，在移栽定植前 7～10 天进行，前 5～7 天一般进行控温、控水、适当通风、适当撤掉覆盖物增光，后 3～4 天一般进行继续控水（低温炼苗要控水、高温炼苗要适当浇水或喷水）、全面通风、撤掉覆盖物增加光照，以促使幼苗完全适应外部环境。降温要逐步进行、控水要适度、通风要由小到大、覆盖物要分次撤掉。此外，低温炼苗时间既不可过长也不可过短。炼苗时间过短起不到壮苗健株的作用，也容易造成花打顶或者僵苗现象；而炼苗时间过长又容易造成老化苗或钉苗，既不利于缓苗，也容易早衰，对后期生长十分不利。

（2）炼苗操作。 定植前 10 天左右时，逐步降低苗棚的温度，加热育苗的要停止加温，白天可以适当增加通风量、延长通风时间，傍晚可以适当晚盖棚，并留适量的缝隙缓慢降温。白天温度可以略高（喜温性蔬菜 15～20℃，耐寒性蔬菜 15～18℃），夜间温度可以略低。在保证幼苗不受冻害的限度下，应当尽量降低夜间温度（如茄子、辣椒、黄瓜等蔬菜夜间 5～10℃，番茄 1～5℃，菜花、甘蓝、芹菜、莴苣等耐寒性蔬菜夜间 1～3℃），降低温度的幅度要根据作物种类灵活决定。如果幼苗比较脆弱，为安全起见，可以先用较高的温度炼苗几天，然后再进行低温炼苗。注意苗棚降温要循序渐进，以 3～4 天达到低温标准为佳，不可一蹴而就，否则会伤害幼苗。在炼苗刚开始的 5～7 天时，可以先掀开一部分大棚上的覆盖物；随着炼苗时间的增加，覆盖物再逐步掀开。到定植前 2～3 天时，如果天气比较好、无霜冻寒流，再将所有的覆盖物全部掀掉、所有的通风口全部打开。一般来说，低温炼苗时，幼苗生长缓慢，应当适当控水；高温炼苗时，水分蒸发量大容易干旱缺水，应当适当喷水或浇小水保湿，否则容易出现小老苗。一定不可浇大水，否则会造成幼苗发生旺长。炼苗控水期间，只要秧苗中午时不发生萎蔫现象，尽量不需要浇水；如果有萎蔫现象，可以适量浇点小水或喷洒水，使幼苗恢复到正常长势即可。

（3）注意事项。 第一，除高温炼苗需要喷水保湿外，低温炼苗期间，只要幼苗不发生萎蔫现象，一般不需要浇水，同时要注意雨天时要及时盖膜防雨淋。第二，炼苗期间要注意随时关注天气预报，遇到降温时或者早春寒流时，夜间要及时适当覆盖大棚，以防冻伤幼苗。第三，炼苗期间低温控制要合理，不可温度过低，否则会造成幼苗出现叶黄、茎瘦、突节、僵苗等问题。第四，炼苗期间如果幼苗发生萎蔫缺水现象，可以结合喷水施用 0.2% 的磷酸二氢钾或其他微量元素叶面肥，既能增强秧苗的抗逆性，又能提高定植苗的成活率；如果幼苗发生旺长，可以用 1 500 倍的助壮素喷施进行控旺。第五，炼苗时应当剔除病、弱、发育不完整的不良苗，适当增加幼苗间距，以增加通风透光量。第六，炼苗后进行移栽定植，定植缓苗后，还应适当拉大昼夜温差进行蹲苗。这样可以促进菜苗进一步变得强壮：豆类蔬菜控制在白天 26～28℃、夜间 12～14℃；茄果类蔬菜控制在白天 25～28℃、夜间 12～14℃；瓜果类蔬菜控制在白天 26～30℃、夜间 14～15℃。

2.1.3.2 壮苗标准

健壮的幼苗是蔬菜后期正常生长发育、实现早熟高产的基础。所谓的壮苗，即幼苗根系生发能力强、株形粗壮节间短、植株紧凑活力强、叶片舒展叶色鲜亮、移栽后缓苗速度快、环境适应能力强的幼苗。从根系上来说，要求根系颜色微白色，根系生发正常、须根多且密，无黄色或褐色根，水肥吸收能力强；从植株上来说，要求株高适中、株形匀称，茎秆粗壮有韧性，茎节较短匀称，并且植株的展开度和株高比例为 1∶3 左右；从叶片上来说，要求叶片肥厚宽大且舒展，叶色浓绿鲜亮且无任何的卷缩或病害，叶柄粗且短；叶菜类蔬菜苗要有 1 个叶环和 5～8 片真叶，茄果类蔬菜苗不仅要显蕾，而且还要有 6～12 片叶。可总结为：幼苗株高适中，大小均匀整齐，植株健壮有活力，没有旺长或老化现象，根系发达、须根较多，叶片舒展、肥厚、宽大、色泽浓绿，无早落现象，无病虫害现象，花芽分化较早且发育正常。

由于蔬菜的种类不同，在定植时的壮苗标准上也略有差异。以下为几种大宗蔬菜定植时所要达到的最佳壮苗标准：

(1) 辣椒。株高 15～20 厘米，茎粗 0.4～0.5 厘米，茎节粗短均匀，叶片数 8～12 片（早熟品种 8～10 片叶，中晚熟品种 10～12 片叶），叶片肥大、色泽深绿，且植株上出现第一花蕾。

(2) 茄子。株高 15～20 厘米，茎粗 0.5～0.8 厘米，叶片数 5～7 片，植株粗壮、茎节较短，叶片肥厚舒展，深绿带紫色，茎叶上有较多的茸毛，花芽分化早、分化好，植株上出现第一花蕾。

(3) 菜豆。株高5～8厘米，1～2片真叶，叶片肥大深绿，植株茎秆粗壮、节间较短。

2.2 蔬菜水肥管理

2.2.1 蔬菜土壤水肥需求

2.2.1.1 土壤营养

充足的营养供给才能够满足蔬菜的生长需要，不同蔬菜在不同的生长时期对营养元素需求不同。碳元素主要来源于自然界的二氧化碳，氧和氢元素来源于水，氮、磷、钾等大量元素以及硼、钼等微量元素主要依靠土壤供给，同时也以溶解态被叶片吸收。大量元素和微量元素对蔬菜生长发育的作用是同等重要的。但实际生产中往往仅注意氮、磷、钾、钙等元素，因为蔬菜作物需要这几种元素的量较大，土壤中容易缺乏，其他元素或由于需求量较少或由于土壤中含量丰富，很少依靠施肥补充，但有些土壤中微量元素缺乏。因此，施肥时应根据不同土壤进行测土施肥。

蔬菜作物种类不同，对各种营养元素的需求量也不尽相同。其中，生产1 000千克蔬菜产品对氮、磷、钾、钙、镁等营养元素的基本要求如表2.2所示。

表2.2　生产1 000千克蔬菜产品对营养元素的基本要求（千克）

蔬菜种类	N	P_2O_5	K_2O	CaO	MgO
茄子	2.7～3.3	0.7～0.8	4.7～5.1	1.2～2.4	0.5
辣椒	3.5～5.5	0.7～1.4	5.5～7.2	2.0～5.0	0.9
大白菜	2.4～2.5	0.9～1.0	4.1～4.5	2.5	0.5
萝卜	3.1～3.5	1.1～1.9	4.4～5.8	1.0	0.2
菜豆	3.4	2.3	5.9	—	—

(1) 辣椒耐肥能力强。一般来说，每生产1 000千克辣椒，需吸收氮3.5～5.5千克、五氧化二磷0.7～1.4千克、氧化钾5.5～7.2千克、氧化钙2.0～5.0千克、氧化镁0.9千克。辣椒的生长处于不同阶段需要不

同的营养供应。一般情况下，随着植株营养生长向生殖生长的转化，直到后期产量的形成，辣椒对氮素的需求逐渐提高；对钾的需求量伴随果实的产生和膨大也逐渐增大；钙和镁的吸收也在盛果期达到峰值；对磷的需求较为稳定。

施肥建议：每亩施优质有机肥 3 000～5 000 千克，总养分≥40％复合肥（16-8-16 或 14-6-20）50 千克作为基肥；在初花期以后进行追肥；第一果实直径达 2～3 厘米大小时，应追施 1～2 次氮肥，每次每亩施尿素 7～10 千克；进入采收期后，追肥应重施，每亩施总养分≥40％复合肥（16-8-16 或 14-6-20）20～30 千克；以后每采收一次，追施适量肥料，有利于延长采收期，增加采收次数，提高产量，改善品质。

(2) 茄子是喜肥作物。一般来说，每生产 1 000 千克茄子，吸收各元素量分别为氮 2.7～3.3 千克、五氧化二磷 0.7～0.8 千克、氧化钾 4.7～5.1 千克、氧化钙 1.2～2.4 千克、氧化镁 0.5 千克。随植株生长发育，其对氮、磷、钾 3 种大量元素的需求量逐渐增大，苗期仅为总量的 0.05％、0.07％、0.09％。茄子果实的产量和品质形成与土壤本身的肥力及外部供给直接相关。在营养供给充分的情况下，花器官发育正常，不易落花落果。

蔬菜栽培需要肥力供应，尤其设施栽培下产量较高，且土壤中养分转化和有机质分解快。因此，需要大量施肥以补充土壤养分和有机质的不足。然而，土壤在人工施肥的过程中其理化性质极易被改变。这种改变既存在着向有利于作物生育的方向改变，又存在着向不利于作物生育的方向改变。因此，施肥时应十分注意，较理想的施肥办法就是测土施肥。也就是说，通过测定土壤中主要营养元素的含量和土壤物理性质等，并根据作物对营养元素和土壤的基本要求来决定施肥的数量和方法。但是，这种方法还很难在贵州大面积推广应用。作为施肥总的原则，应该采取以增施优质腐熟有机肥为主，适当增施化肥；以增施基肥为主，适当进行土壤追肥，并提倡根外追肥。使施肥既有利于改善蔬菜的养分供应，提高蔬菜产量，又有利于菜田土壤肥力的保持和提高以及生态环境的保护。

2.2.1.2 土壤水分

蔬菜作物生长发育需要有适宜的土壤水分，通常土壤相对含水量以

70%～95%为宜，过干或过湿对蔬菜作物生育均不利。当然，不同蔬菜作物种类或同一种类不同品种以及不同生育阶段的蔬菜对土壤水分的要求不尽相同，辣椒和茄子在不同生育阶段对土壤含水量的要求见表2.3。

表 2.3　辣椒和茄子在不同生育阶段对土壤含水量的要求（%）

蔬菜种类	育苗期	定植至缓苗	缓苗至结果初期	初果期至盛果期	盛果期至后期
茄子	80	90～100	60	60～70	70
辣椒	80	90～100	65～70	75～80	70～80

2.2.2　土壤施肥

2.2.2.1　化学肥料

化学肥料（无机肥料）是采用化学手段制造加工而成的，包括氮、磷、钾等大量元素肥料，硼、钼等微量元素肥料以及复合肥料等。其类别多样，不同类别的特性和施用方法存在很大差别。化学肥料有其自身优点，如有效营养纯度高、含量高以及见效快等；缺点是由于不含有机物质，无法达到培肥改良土壤的效果。

（1）氮肥。

①氮肥的种类和性质。氮肥可分为铵态氮肥、硝态氮肥和酰胺态氮肥三大类，包括氨水、碳酸氢铵、硫酸铵、氯化铵（铵态氮肥）、硝酸铵、硝酸钠、硝酸钙（硝态氮肥）和尿素、石灰氮（酰胺态氮肥）。

②氮肥在土壤中的转化。氮肥的种类不同，在土壤中的转化特点不同。硫酸铵、碳酸氢铵和氯化铵中 NH_4^+ 的转化相同，除被植物吸收外，一部分被土壤胶体吸附，另一部分通过硝化作用将转化为 NO_3^-；硫酸铵和氯化铵中阴离子的转化相似，只是生成物不同，酸性土壤中两者分别生成硫酸和盐酸，增加土壤酸度；石灰性土壤中则分别生成硫酸钙和氯化钙，使土壤孔隙堵塞或造成钙的流失，使土壤板结，结构破坏；碳酸氢铵中的碳酸氢根离子则除了作为植物的碳素营养之外，大部分可分解为 CO_2 和 H_2O。因此，碳酸氢铵在土壤中无任何残留，对土壤无不良影响。

硝态氮肥和铵态氮肥施入土壤之后，分别以 NO_3^- 和 NH_4^+ 形式被蔬菜吸收，不会对土壤产生不良影响。两者也存在损耗部分，如 NH_4^+ 还可能被胶体所吸附；而 NO_3^- 则可能由于反硝化作用发生脱氮，也可能随灌溉和降雨等过程流失。酰胺态氮肥以尿素为主，施用在碱性土壤中会造成大量损失，施用于表土也会以氨气的形式挥发损耗掉。尿素在土壤中具有一定的流动性，蔬菜根系难以直接吸收，通常依靠土壤微生物所产生的脲酶作用发生转化，其产物碳酸铵分解为易被土壤吸收的氮肥形式。脲酶活性的高低对转化作用有直接影响，在 $10 \sim 30 \text{℃}$ 范围内随温度的升高而提高，一般在 30℃ 下 2 天即可完成尿素的转化。故尿素需要考虑施用时间和温度，以达到良好效果。

③氮肥的合理分配和施用。研究氮肥合理施用的基本目的在于减少氮肥损失，提高氮肥利用率，充分发挥肥料的最大增产效益。由于氮肥在土壤中有氨的挥发、硝态氮的淋失和硝态氮的反硝化作用 3 条非生产性损失途径，氮肥的利用率是不高的。据统计，我国氮肥利用率在水田为 $35\% \sim 60\%$，旱田为 $45\% \sim 47\%$，平均为 50%，约有一半损失掉了，既浪费了资源，又污染了环境。所以，合理施用氮肥，提高其利用率，是生产上亟待解决的一个问题。

氮肥的合理分配应根据土壤条件、作物的氮素营养特点和肥料本身的特性来进行。土壤条件是进行肥料区划和分配的必要前提，也是确定氮肥品种及其施用技术的依据。首先，必须将氮肥重点分配在中、低等肥力的地区，碱性土壤可选用酸性或生理酸性肥料，如硫酸铵、氯化铵等；酸性土壤上应选用碱性或生理碱性肥料，如硝酸钠、硝酸钙等。盐碱土不宜分配氯化铵，尿素适宜于一切土壤。"早发田"要掌握前轻后重、少量多次的原则，以防作物后期脱肥；"晚发田"既要注意前期提早发苗，又要防止后期氮肥过多，造成植株贪青倒伏。质地黏重的土壤上氮肥可一次多施，沙质土壤上宜少量多次。作物的氮素营养特点是决定氮肥合理分配的内在因素，首先要考虑作物的种类和对氮素形态的要求。马铃薯最好施用硫酸铵；番茄幼苗期喜铵态氮，结果期则以硝态氮为好；叶菜类多喜硝态氮等。肥料本身的特性也与氮肥的合理分配密切相关，铵态氮肥表施易挥发，宜作基肥深施覆土。硝态氮肥移动性强，不宜作基肥。碳酸氢铵、氨水、尿素、硝酸铵一般不宜用作种肥，氯化铵不宜施在盐碱土和低洼地，也不宜施在马铃薯等忌氯作物上。干旱季节宜分配硝态氮肥，多雨的季节宜分配铵态氮肥。

氮肥的有效施用应遵循以下原则：第一，氮肥深施。氮肥深施不仅能减少氮素的挥发、淋失和反硝化损失，还可以减少杂草，从而提高氮肥的利用率。据测定，与表面撒施相比，利用率可提高20％～30％，且延长肥料的作用时间。第二，氮肥与有机肥及磷、钾肥配合施用。作物的高产、稳产，需要多种养分的均衡供应，单施氮肥，特别是在缺磷少钾的地块上，很难获得满意的效果。氮肥与其他肥料特别是磷、钾肥的有效配合对提高氮肥利用率和增产作用均很显著。氮肥与有机肥配合施用，可取长补短、缓急相济、互相促进，既能及时满足作物营养关键时期对氮素的需要，同时有机肥还具有改土培肥的作用，做到用地养地相结合。第三，氮肥增效剂的应用。氮肥增效剂又名硝化抑制剂，其作用在于抑制土壤中亚硝化细菌活动，减缓硝化作用的进程，使得土壤胶体吸附以 NH_4^+ 形式存在的铵态氮肥，最大限度地降低氮素损失。目前，国内的硝化抑制剂效果较好的有 2-氯-6（三氯甲基）吡啶，代号 CP；2-氨基-4-氯-6-甲基嘧啶，代号 AM；硫脲，代号 TU；胩基硫脲，代号 ASU 等。氮肥增效剂对人的皮肤有刺激作用，使用时避免与皮肤接触，并防止吸入口腔。

（2）磷肥。

①磷肥的种类和性质。根据磷肥的溶解性，结合蔬菜吸收效率，一般将其分为 3 种主要类别：弱酸溶性磷肥，也称为枸溶性磷肥，指能够溶于2％柠檬酸以及中性或微碱性柠檬酸铵的磷肥，包括偏磷酸钙和钙镁磷肥等；水溶性磷肥，指能够溶于水的磷肥，包括重过磷酸钙和过磷酸钙等；难溶性磷肥，指前两种条件皆不能溶解，而只溶于强酸的磷肥，包括磷矿粉等。

②磷肥在土壤中的转化。过磷酸钙在土壤中的转化：过磷酸钙在土壤中能够快速在施肥点被水溶解，形成混合物的饱和水溶液。这一阶段此处磷元素处于较高浓度，需向周围部位持续扩散；同时，溶液也呈现较强酸性，磷酸根离子在扩散中易于与铝、铁等离子结合生成相应的磷酸盐。需要指出的是，土壤性质影响磷酸盐的形成：土壤在呈中性时，磷酸二氢钙溶解，此时提供磷肥的状态最优，由于磷酸一氢钙残留在施肥点位置，故利用率也相对较低；土壤在呈酸性时，磷酸一氢钙与铝、铁等离子相结

合，经转化后形成盐基性磷酸铁铝，呈弱酸性时，则易被黏土矿物所固定；在石灰性土壤中，大部分形成性质稳定的羟基磷灰石。

钙镁磷肥在土壤中的转化：钙镁磷肥可在作物根系及微生物分泌的酸的作用下溶解，供作物吸收利用。对黄泥、紫黄泥等酸性土壤应施用碱性磷肥，如钙镁磷肥。

磷矿粉在土壤中的转化：土壤酸碱性、钙离子浓度以及磷酸根浓度对磷矿粉的转化起重要作用，通常酸性土壤条件利于这一转化过程。土壤施用后，磷矿粉在多种化学和生物环境因子的作用下分解形成新的化合物。

③磷肥的合理分配和有效施用。磷肥是所有化学肥料中利用率最低的，当季作物一般只能利用 10%～25%。其原因主要是磷在土壤中易被固定。同时，它在土壤中的移动性又很小，而根与土壤接触的体积一般仅占耕层体积的 4%～10%。因此，尽量减少磷的固定，防止磷的退化，增加磷与根系的接触面积，提高磷肥利用率，是合理施用磷肥、充分发挥单位磷肥最大效益的关键。

第一，根据土壤条件合理分配和施用磷肥。土壤的供磷水平、N/P_2O_5、有机质含量、土壤熟化程度以及土壤酸碱度等因素与磷肥的合理分配和施用关系最为密切。土壤供磷水平和 N/P_2O_5：土壤全磷含量与磷肥肥效相关性不大，而速效磷含量与磷肥肥效却有很大的相关性。一般认为，速效磷（P_2O_5）在 10～20 毫克范围为中等含量，施磷肥增产；速效磷>25 毫克，施磷肥无效；速效磷<10 毫克，施磷肥增产显著。蔬菜地磷的临界范围比较高，速效磷达 57 毫克时，施磷肥仍有效。磷肥肥效还与 N/P_2O_5 密切相关，在供磷水平较低、N/P_2O_5 大的土壤上，施用磷肥增产显著；在供磷水平较高、N/P_2O_5 小的土壤上，施用磷肥效果较小；在氮、磷供应水平都很高的土壤上，施用磷肥增产不稳定；而在氮、磷供应水平均低的土壤上，只有提高施氮水平，才有利于发挥磷肥的肥效。土壤有机质含量与磷肥肥效：一般来说，在土壤有机质含量>2.5%的土壤上，施用磷肥增产不显著，在有机质含量<2.5%的土壤上才有显著的增产效果。这是因为土壤有机质含量与有效磷含量呈正相关，所以磷肥最好施在有机质含量低的土壤上。土壤酸碱度与磷肥肥效：土壤酸碱度对不同品种磷肥的作用不同，通常弱酸溶性磷肥和难溶性磷肥应分配在酸

性土壤上,而水溶性磷肥则应分配在中性及石灰性土壤上。

在没有具体评价土壤供磷水平数量指标之前,也可以根据土壤的熟化程度对具体田块分配磷肥。一般应优先分配在瘠薄的瘦田、旱田、冷浸田、新垦地和新平整的土地,以及有机肥不足、酸性土壤或施氮肥量较高的土壤上。因为这些田块通常缺磷,施磷肥效果显著,经济效益高。

第二,根据作物需磷特性和轮作换茬制度合理分配与施用磷肥。作物种类不同,对磷的吸收能力和吸收数量也不同。同一土壤上,凡对磷反应敏感的喜磷作物,如豆科作物、萝卜、番茄、马铃薯等,应优先分配磷肥。其中,薯类虽对磷反应敏感,但吸收能力差,以施水溶性磷为好。有轮作制度的地区,施用磷肥时,还应考虑到轮作特点。在水旱轮作中,应掌握"旱重水轻"的原则,即在同一轮作周期中把磷肥重点施于旱作上;在旱地轮作中,磷肥应优先施于需磷多、吸磷能力强的豆科作物上;轮作中作物对磷具有相似的营养特性时,磷肥应重点分配在越冬作物上。

第三,根据肥料性质合理分配和施用。水溶性磷肥适于大多数作物和土壤,但以中性和石灰性土壤更为适宜。一般可作基肥、追肥和种肥集中施用。弱酸溶性磷肥和难溶性磷肥最好分配在酸性土壤上,作基肥施用,施在吸磷能力强的喜磷作物上效果更好。

同时,弱酸溶性磷肥和难溶性磷肥的粉碎细度也与其肥效密切相关,磷矿粉细度以 90% 通过 100 目筛孔,即最大粒径为 0.15 毫米为宜。钙镁磷肥的粒径在 40~100 目范围内,其枸溶性磷的含量随粒径变细而增加,超过 100 目时其枸溶率变化不大。不同土壤对钙镁磷肥的溶解能力不同及不同种类的作物利用枸溶性磷的能力不同,所以对细度要求也不同。在种植耐旱作物的酸性土壤上施用,不宜小于 40 目;在中性缺磷土壤施用时,不应小于 60 目;在缺磷的石灰性土壤上,以 100 目左右为宜。

第四,以种肥、基肥为主,根外追肥为辅。从作物不同生育期来看,作物磷素营养临界期一般都在早期,即作物生长前期,如施足种肥,就可以满足这一时期对磷的需求,否则磷素营养临界期供应不足会导致减产。在作物生长旺期,对磷的需要量很大,但此时根系发达,吸磷能力强,一般可利用基肥中的磷。因此,在条件允许时,1/3 作种肥,2/3 作基肥,是最适宜的磷肥分配方案。如磷肥不足,则首先作种肥,既可在苗期利用，又可在生长旺期利用。生长后期，作物主要通过体内磷的再分配和再利用来满足后期各器官的需要。因此，多数作物只要在前期能充分满足其磷素营养的需要，在后期对磷的反应就差一些。但有些作物如黄瓜进入生殖生长期后需较多的磷，这时就以根外追肥的方式来满足它们的需要。根外追肥的浓度，如番茄、黄瓜等以 0.5％～1％为宜（过磷酸钙）。

第五，磷肥深施、集中施用。针对磷肥在土壤中移动性小且易被固定的特点，在施用磷肥时，必须减少其与土壤的接触面积，增加与作物根群的接触机会，以提高磷肥的利用率。磷肥的集中施用，是一种最经济有效的施用方法。因集中施用在作物根群附近，既减少与土壤的接触面积而减少固定，同时还提高施肥点与根系土壤之间磷的浓度梯度，有利于磷的扩散，便于根系吸收。

第六，氮、磷肥配合施用。氮、磷配合施用，能显著地提高作物产量和磷肥的利用率。在一般不缺钾的情况下，作物对氮和磷的需求有一定的比例。如土壤缺乏氮素的情况下，单施磷肥不会获得较高的肥效，只有当氮、磷营养保持一定的平衡关系时，作物才能高产。

第七，与有机肥料配合施用。首先，有机肥料中的粗腐殖质能保护水溶性磷，减少其与铁、铝、钙的接触而减少固定。其次，有机肥料在分解过程中产生多种有机酸，如柠檬酸、苹果酸、草酸、酒石酸等。这些有机酸与铁、铝、钙形成络合物，防止了铁、铝、钙对磷的固定，同时这些有机酸也有利于弱酸溶性磷肥和难溶性磷肥的溶解。最后，上述有机酸还可络合原土壤中磷酸铁、磷酸铝、磷酸钙中的铁、铝、钙，提高土壤中有效磷的含量。

第八，磷肥的后效。磷肥的当年利用率为 10％～25％，大部分的磷都残留在土壤中。因此，其后效很长。据研究，磷肥的年累加表现利用率连续 5～10 年，可达 50％左右。所以，在磷肥不足时，连续施用几年以后，可以隔 2～3 年再施用，利用以前所施磷肥的后效，就可以满足作物对磷肥的需求。

总之，磷肥合理施用，既要考虑到土壤条件、磷肥品种特性、作物的营养特性、施肥方法，还要考虑到与氮肥的合理配比及磷肥后效。当土壤中钾和微量元素不足时，还要充分考虑到这些元素，使其不成为最小限制因子，这样才能提高磷肥的肥效。

（3）钾肥。

①钾肥的种类和性质。生产上常用的钾肥有硫酸钾、氯化钾和草木灰等。植物残体燃烧后剩余的灰，称为草木灰。草木灰近年来作为一种有效的肥料来源，越来越多地用于农业生产。不同颜色的草木灰肥效存在差异，因低温燃烧产生的黑灰色草木灰肥效较高，而因高温燃烧产生的灰白色草木灰肥效则较差。草木灰的主要成分以钙和钾为主，兼有磷素及其他蔬菜生长发育所需元素。草木灰属于碱性肥料，其中的钾元素通常以碳酸钾形式存在，部分也以硫酸钾和氯化钾形式存在，多种形式均有良好的水溶性，易于被蔬菜吸收，速效性好。

②钾肥在土壤中的转化。硫酸钾和氯化钾施入土壤后，钾呈离子状态，一部分被植物吸收利用，另一部分则被胶体吸附。在中性和石灰性土壤中代换出 Ca^{2+}，分别生成 $CaSO_4$ 和 $CaCl_2$。$CaSO_4$ 属微溶性物质，随水向下淋失一段距离后沉积下来，能堵塞孔隙，造成土壤板结。$CaCl_2$ 则为水溶性，易随水淋失，造成 Ca^{2+} 的损失，同样使土壤板结。在酸性土壤中，两者都代换出 H^+，生成 H_2SO_4 和 HCl，使酸性土壤的酸度增加，应配合施用石灰和有机肥料。

③钾肥的合理分配和有效施用。钾肥肥效的高低取决于土壤性质、作物种类、肥料配合、气候条件等。因此，要经济合理地分配和施用钾肥，就必须了解影响钾肥肥效的有关条件。

首先，土壤条件与钾肥的有效施用密切相关。土壤钾素供应水平、土壤的机械组成和土壤通气性是影响钾肥肥效的主要土壤条件。土壤钾素供应水平：土壤速效钾水平是决定钾肥肥效的一个重要因素，速效钾的指标数值因各地土壤、气候和作物等条件的不同而略有差异。对于速效钾较低而缓效钾数量很不相同的土壤，单从速效钾来判断钾的供应水平是不够的，必须同时考虑缓效钾的储量，方能较准确地估计钾的供应水平。土壤的机械组成：土壤的机械组成与含钾量有关。一般机械组成越细，含钾量越高，反之则越低。土壤质地不同，也影响土壤的供钾能力。质地较粗的沙质土壤上施用钾肥的效果比黏土高，钾肥最好优先分配在缺钾的沙质土壤上。土壤通气性：土壤通气性主要是通过影响植物根系呼吸作用而影响钾的吸收，以至于土壤本身不缺钾，但作物却表现出缺钾的症状。所以，在生产实践中，就要对作物的缺钾情况进行具体的分析。针对存在的问题，采取相应的措施，才能提高作物对钾的吸收。

其次，作物条件与钾肥的有效施用密切相关。各类作物由于其生物学特点不同，对钾的需要量和吸钾能力也不同。因此，对钾肥的反应也各异。凡含糖类较多的作物如马铃薯、西瓜等需钾量大，对这些喜钾作物应多施钾肥，既提高产量，又改善品质，在同样的土壤条件下应优先安排钾肥于喜钾作物上。另外，对豆科作物施用钾肥，也具有明显而稳定的增产效果。当然，在缺钾的土壤上，钾肥对多种作物均有良好的效果。但在钾肥中等偏上或较为丰富的土壤中，只有喜钾作物的肥效较好。

另外，肥料性质与钾肥的有效施用密切相关。肥料的种类和性质不同，其施用方法也存在差异。硫酸钾用作基肥、追肥、种肥和根外追肥均可，氯化钾则不能用作种肥。硫酸钾适用于各种土壤和作物，特别是施用在喜钾而忌氯的作物和十字花科等喜硫的作物上效果更佳。草木灰适合于作基肥、追肥和盖种肥，作基肥时，可沟施或穴施，深度约 10 厘米，施后覆土。作追肥时，可叶面撒施，既能供给养分，也能在一定程度上减轻或防止病虫害的发生和危害。由于草木灰颜色深且含一定的碳素，吸热增温快，质地轻松，因此最适宜用作蔬菜育苗时盖种肥，既供给养分，又有利于提高地温，防止烂秧。草木灰也可用作根外追肥，一般作物用 1‰ 水浸液。草木灰是一种碱性肥料，因此不能与铵态氮肥、腐熟的有机肥料混合施用，以免造成氨的挥发损失。草木灰在各种土壤上对多种作物均有良好的反应，特别是酸性土壤上施于豆科作物，增产效果十分明显。

钾肥的合理施用应遵循以下原则：第一，与氮、磷肥配合施用。作物对氮、磷、钾的需要有一定的比例，因而钾肥肥效与氮、磷供应水平有关。当土壤中氮、磷含量较低时，单施钾肥效果往往不明显，随着氮、磷用量的增加，施用钾肥才能获得增产，而氮、磷、钾的交互效应（作用）也能使氮、磷促进作物对钾的吸收，提高钾肥的利用率。第二，最好在一定的深度集中施用钾肥。由于表土在降水和灌溉与干旱交替过程中形成的状态易于将钾元素吸附固定，降低钾肥的利用率，故应在一定深度施用。另外，集中施用的方式能够减少钾与土壤的接触，加速其扩散，提高利用率。第三，对于部分蔬菜作物来讲，除作为基肥施用以外，应适当提早追施钾肥。茄果类蔬菜在花蕾期、萝卜在肉质根膨大期为需钾量最大时期。第四，钾肥在用量方面需综合考量土壤有效钾含量和不同蔬菜在不同生育期的需求，还应兼顾与其他元素间的平衡。不同土壤类型用量不同：针对沙土，为防止钾肥流失，应采取单次少量、多次施用的方式；针对黏土，可加大单次施用量。

(4) 微量元素肥料。 微量元素肥料是指含有硼、锰、钼、锌、铜、铁等微量元素的化学肥料。近年来，农业生产上微量元素的缺乏日趋严重，许多作物都出现了微量元素的缺乏症。

①硼肥。硼肥的主要种类和性质：目前，生产上常用的硼肥种类有硼砂、硼酸、含硼过磷酸钙、硼镁肥等。其中，最常用的是硼酸和硼砂。

蔬菜种类与硼肥肥效：表现出缺硼明显的蔬菜有白菜、甘蓝、萝卜、芹菜、黄瓜等；需硼中等的有马铃薯、胡萝卜、洋葱、辣椒、花生、番茄等，同等土壤条件下应将硼肥优先施用于这些需硼量较大的作物上。

土壤条件与硼肥施用：硼肥的施用首先应考虑土壤条件，主要是基于有效硼含量进行评估。根据相关报道，一般情况下土壤水溶性硼的含量低于0.5毫克/千克时为缺硼，低于0.3毫克/千克时为严重缺硼，故硼肥施用在以上土壤中效果较为显著。土壤硼含量也与硼肥的施用方法有关，当土壤严重缺硼时，以基肥为好；轻度缺硼的土壤，则通常采用根外追肥的方法。

硼肥的施用技术：硼肥能够与氮肥和磷肥共同作为基肥施用，也能够单独作为追肥施用，肥源以硼砂或硼酸为主。土壤施用应保证均匀，浓度可控制在0.3～0.5千克/亩，不宜过高。根外追施可采取叶面喷雾的方式，主要在蔬菜进入生殖生长时期施用，配制0.1%或0.2%的溶液，施用量通常为50～75千克/亩。如以种肥形式施用，则应适当降低浓度，需拌种或浸种后播种。

②锌肥。锌肥的主要种类和性质：目前生产上常用的锌肥为硫酸锌、氯化锌、碳酸锌、螯合态锌、氧化锌等。

蔬菜种类与锌肥肥效：对锌敏感的蔬菜有甘蓝、莴苣、芹菜等。在这些作物上施用锌肥通常都具有良好的肥效。

锌肥的施用技术：锌肥可用作基肥、追肥和种肥。通常将难溶性锌肥用作基肥，作基肥时每亩施用1～2千克硫酸锌，可与生理酸性肥料混合施用。轻度缺锌地块隔1～2年再行施用，中度缺锌地块隔年或于翌年减量施用。作追肥时常用作根外追肥，一般作物喷施浓度为0.02%～0.1%的硫酸锌溶液。种肥常采用浸种或拌种的方法，浸种用浓度为0.02%～0.1%，浸种12小时，阴干后播种。

锌肥肥效与磷肥的关系：在有效磷含量高的土壤中，往往会产生诱发性缺锌；其原因一是$P-Zn$拮抗，二是提高了植物体内的P_2O_5/Zn。为了保持正常的P_2O_5/Zn，使得作物需要吸收更多的锌。在施用磷肥时，必须要注意锌肥的营养和供应情况，防止因磷多造成诱发性缺锌。

③锰肥。锰肥的主要种类和性质：生产上常用的锰肥是硫酸锰、氯化锰等。

蔬菜种类与锰肥肥效：对锰敏感的蔬菜有马铃薯、洋葱、菠菜等，其次是芹菜、萝卜、番茄等。

土壤条件与锰肥施用：一般将活性锰含量作为诊断土壤供锰能力的主要指标，土壤中活性锰含量小于50毫克/千克为极低水平，50～100毫克/千克为低，100～200毫克/千克为中等，200～300毫克/千克为丰富，大于300毫克/千克为很丰富。在缺锰的土壤上施用锰肥，一般作物都有很好的增产效果。

锰肥的施用技术：生产上最常用的锰肥是硫酸锰，一般用作根外追肥、浸种、拌种及土壤施肥，难溶性锰肥一般用作基肥。根外追肥喷施浓度一般以0.05%～0.1%为宜，豆科作物以0.03%为宜，水稻以0.1%为宜。拌种：豆科作物每千克种子用4克硫酸锰；硫酸锰用作土壤施肥效果大致与拌种相当，一般用量为2～4千克/亩。

④钼肥。钼肥的主要种类和性质：生产上常用的钼肥有钼酸铵、钼酸钠、三氧化钼、钼渣、含钼玻璃肥料等。

蔬菜种类对钼肥的反应：缺钼多的是豆科作物。此外，花椰菜对钼肥也有良好的反应。

土壤条件与钼肥施用：钼肥的施用效果，与土壤中钼的含量、形态及分布区域有关。

钼肥的施用技术：钼肥的施用方式以叶面追肥和种肥为主。叶面喷施通常选择幼苗期以及花蕾形成期，浓度在0.1%以下。作为种肥通常以浸种或拌种的方式，经通风阴干后播种。

⑤铜肥。铜肥的主要种类和性质：生产上常见铜肥有硫酸铜、炼铜矿渣、螯合态铜和氧化铜。

蔬菜种类与铜肥肥效：蔬菜的种类不同，对铜的反应也不同，需铜较多的作物有洋葱、菠菜、胡萝卜；需铜中等的有黄瓜、萝卜、番茄等。

铜肥的施用方法：铜肥可用作基肥、追肥及种子处理等。作基肥每亩用量为1~1.5千克硫酸铜，由于铜肥的有效期长，为防止铜的毒害作用，以每3~5年施用一次为宜。追肥通常以要根外追肥为主，喷施浓度为0.02%~0.04%，果树用0.2%~0.4%，并加配10%~20%硫酸铜用量的熟石灰，以防药害。硫酸铜拌种用量为0.3~0.6克/千克种子，浸种浓度为0.01%~0.05%的硫酸铜溶液。

⑥施用微量元素肥料的注意事项。严格控制肥料浓度和施用量：蔬菜生长发育过程中对微量元素的需求量有限，一般在较小的浓度范围内施用。用量过大，则对蔬菜产生危害。施用过程中还需注意均匀度，避免由于局部浓度过高而引起毒害。

创造良好的土壤环境有利于对肥料的吸收：有机质含量、土壤含水量、理化性质等土壤环境条件对微量元素的有效性具有显著影响，故当蔬菜表现出微量元素匮乏时，需明确其原因，确定是否应首先改善土壤环境，再根据需要进行施用。

注重与大量元素肥料的配合：当蔬菜作物所需大量元素供给充足的情况下，微量元素才能正常吸收并达到增产的效果。

2.2.2.2 复合肥料

（1）复合肥料的概念。 在一种化学肥料中，同时含有氮、磷、钾等主要营养元素中的两种或两种以上成分的肥料，称为复合肥料。含两种主要营养元素的叫二元复合肥料，含三种主要营养元素的叫三元复合肥料，含三种以上营养元素的叫多元复合肥料。复合肥料习惯上用 $N-P_2O_5-K_2O$ 相应的百分含量来表示其成分。若某种复合肥料中含 N 10%、含 P_2O_5 20%、含 K_2O 10%，则该复合肥料表示为10-20-10。有的在 K_2O 含量后还标有 S，如 12 - 24 - 12（S），即表示其中含有 K_2SO_4。

复合肥料按其制造工艺，可分为化成复合肥料、配成复合肥料和混成复合肥料三大类。化成复合肥料是通过化学方法制成的复合肥料，如磷酸二氢钾。配成复合肥料是采用两种或多种单质肥料在化肥生产厂家经过一定的加工工艺重新造粒而成的含有多种元素的复合肥料，在加工过程中发生部分化学反应，通常所说的复混肥多指这种配成复合肥料。混成复合肥料是将几种肥料通过机械混合制成的复合肥料，在加工过程中只是简单的机械混合，而不发生化学反应，如氯磷铵是由氯化铵和磷酸铵混合而成。

（2）复合肥料的特点。复合肥料的优点：有效成分高，养分种类多；副成分少，对土壤不良影响小；生产成本低；物理性状好。

复合肥料的缺点：养分比例固定，很难适于各种土壤和各种作物的不同需要，常要用单质肥料补充调节。难以满足施肥技术的要求，各种养分在土壤中的运动规律及对施肥技术的要求各不相同，如氮肥移动性大，磷、钾肥移动性小，而后效却是磷、钾肥长。在施用上，氮肥通常作追肥，磷钾肥通常作基肥和种肥，而复合肥料是把各种养分在同一时期施在同一位置，这样就很难符合作物某一时期对养分的要求。因此，必须摸清各地土壤情况和各种作物的生长特点、需肥规律，施用适宜的复合肥料。

（3）复合肥料的主要种类、性质和施用。

①磷酸铵。磷酸铵简称磷铵，是用氨中和磷酸制成的。由于氨中和的程度不同，可分别生成磷酸一铵、磷酸二铵和磷酸三铵。目前，国产磷酸铵实际上是磷酸一铵和磷酸二铵的混合物。含 N 14%～18%，含 P_2O_5 46%～50%，纯净的磷铵为灰白色，因带有杂质，故为深灰色。磷铵易溶于水，具有一定的吸湿性，通常加入防湿剂，制成颗粒状，以利于储存、运输和施用。

磷酸铵适用于各种蔬菜和土壤，特别适用于需磷较多的作物和缺磷土壤。施用磷酸铵应先考虑磷的用量，不足的氮可用单质氮肥补充，磷酸铵可作基肥、追肥和种肥。作基肥和追肥，一般每亩以 10～15 千克为宜，可以沟施或穴施；作种肥，每亩以 2～3 千克为宜，但不宜与种子直接接触，防止影响发芽和引起烧苗。磷酸铵不能与草木灰、石灰等碱性物质混合施用或储存，酸性土壤上施用石灰后必须相隔4～5天才能施磷铵，以免引起氮素的挥发损失和降低磷的有效性。

②氨化过磷酸钙。为了清除过磷酸钙中游离酸的不良影响，通常在过磷酸钙中通入一定量的氨制成氨化过磷酸钙，其主要成分为 $NH_4H_2PO_4$、$CaHPO_4$ 和 $(NH_4)_2SO_4$，含 N 2%～3%，P_2O_5 13%～15%。氨化过磷酸钙干燥、疏松，能溶于水（磷为弱酸溶性），不含游离酸，没有腐蚀性，吸湿性和结块性都弱，物理性状好，性质比较稳定。氨化过磷酸钙的肥效稍好于过磷酸钙，适合于各类蔬菜，在酸性土壤上施用的效果最好，注意不得与碱性物质混合，以防氨的挥发和磷的退化。因含氮量低，故应配施其他氮肥，其施用方法同过磷酸钙相同。

③磷酸二氢钾。磷酸二氢钾是一种高浓度的磷钾二元复合肥，纯品为白色或灰白色结晶，养分为0-52-34，吸湿性小，物理性状好，易溶于水，水溶液 pH 3～4，价格昂贵。磷酸二氢钾适作浸种、拌种与根外追肥。浸种浓度0.2%；拌种通常用1%浓度喷施，当天拌种下地。喷施浓度为0.2%～0.5%，每亩用量50～75千克，选择在晴天的下午，以叶面喷施不滴到地上为度。

④硝酸钾。硝酸钾俗称火硝，由硝酸钠和氯化钾一同溶解后重新结晶或从硝土中提取制成，其分子式为 KNO_3。含 N 13%，含 K_2O_4 6%。纯净的硝酸钾为白色结晶，粗制品略带黄色，有吸湿性，易溶于水，为化学中性、生理中性肥料。在高温下易爆炸，属于易燃易爆物质，在储运、施用时要注意安全。

硝酸钾适作旱地追肥，每亩用量一般5～10千克，对马铃薯等喜钾而忌氯的作物具有良好的肥效，在豆科作物上反应也比较好，如用于其他作物则应配合单质氮肥以提高肥效。硝酸钾也可作根外追肥，适宜浓度为0.6%～1%。在干旱地区还可以与有机肥料混合作基肥施用，每亩用量约为10千克。由于硝酸钾的 $N:K_2O$ 为1:3.5，含钾量高，因此在肥料计算时应以含钾量为计算依据，氮素不足可用单质氮肥补充。

⑤尿素磷铵。尿素磷铵的组成为 $CO(NH_2)_2 \cdot (NH_4)_2HPO_4$，是以尿素加磷铵制成的。其养分含量有37-17-0、29-29-0、25-25-0等，

是一种高浓度的氮、磷复合肥料，其中的氮、磷养分是水溶性的，N：P_2O_5 为 1∶1 或 2∶1，易于被蔬菜吸收利用。尿素磷铵适用于各类型的土壤和各种蔬菜，其肥效优于等氮、磷量的单质肥料，其施用方法与磷酸铵相同。

⑥铵磷钾肥。铵磷钾肥是由硫酸铵、硫酸钾和磷酸盐按不同比例混合而成的高浓度三元复合肥料，或者由磷酸铵加钾盐而制成。由于配制比例不同，养分比例分别为 12-24-12、10-20-15、10-30-10。铵磷钾肥中磷的比例较大，可适当配合施用单质氮、钾肥，以调整比例，更好地发挥肥效。

除上述之外，我国生产的复合肥料还有很多种类，有些在生产上已广泛应用且效果良好。贵州各地区应根据不同的土壤、气候、作物及生产条件，选用合适的复合肥料。

2.2.2.3 有机肥料

（1）生产原料。有机肥料是指含有有机物质，既能提供农作物多种无机养分和有机养分，又能培肥改良土壤的一类肥料。有机肥料生产原料包括农业废弃物、畜禽粪便、工业废弃物、生活垃圾和城市污泥。农业废弃物主要有秸秆、豆粕、棉粕等；畜禽粪便主要有鸡粪、牛羊马粪、兔粪等；工业废弃物主要有酒糟、醋糟、木薯渣、糖渣、糠醛渣等；生活垃圾主要指餐厨垃圾等；城市污泥主要有河道淤泥、下水道淤泥等。

①人粪尿。人粪尿主要源于人类的排泄废物，其中的寄生虫卵及病菌需经过一定的无害处理后方能作为有机肥施用。尿液中除含有尿素，还包括植物生长所需的铵盐和磷酸盐，以及部分微量元素。粪便主要含有七成以上的水分，剩余部分为蛋白质、脂肪、纤维物质以及植物生长所需的磷、钾等大量元素和其他盐类。其氮素含量较高，适宜与钾肥和磷肥共同作为追肥和基肥施用，为植物提供速效氮；同时，由于其碳氮比相对较低，施入土壤中更易于分解。施用时，应注意根据不同地块采取不同措施，如水田施用需注意避免流失、旱地施用前应适当稀释并覆土。还需注意控制单次施用量，避免与草木灰等碱性肥料共同施用。

②厩肥。厩肥主要为畜牧过程中产生的粪尿、饲料渣以及垫圈材料等经发酵作用制作的肥料，其各养分含量高，含有植物生长发育所需的有效

成分。粪便养分含量上，羊粪的大量元素含量最高，其次是马粪和猪粪，牛粪含量相对较低，但其排泄量最高；垫圈材料主要包括干土、秸秆以及草料等，通过圈内外积制（即将垫圈材料放置于圈舍内或圈舍外），其有效成分经发酵后转化为可吸收状态。

厩肥有以下作用：首先，厩肥在供给蔬菜氮、钙等大量营养元素以及硼、钼等微量元素的同时，还能提供酰胺等有机营养和其他成分如维生素等。其次，多种微生物在厩肥中频繁活动产生具有生物活性的酶类，能够将大分子有机物降解为小分子状态，易于被蔬菜吸收。另外，减少铝、镁等离子对磷元素的固定，促进磷活性的释放。再次，从土壤环境的角度出发，厩肥中的腐殖质能够加速团粒结构的形成，提高通气透水性能和对盐分的缓冲性能，降低重金属污染，进而改善土壤理化性质。最后，厩肥经过腐熟后作为基肥施用，对土壤肥力的保持具有一定作用。

③堆肥。堆肥是指将杂草、秸秆等植物原料，以及粪尿、垃圾等生活废料经有氧发酵制成的肥料。根据原料性质的差异，一般采取不同堆制方法制作。对于含有大量纤维的植物原料通常需50℃以上高温处理加速其腐熟分解，且能够在此过程中杀灭病虫。对于所含植物相对较少的原料，通常进行普通发酵，全过程温度较低，时间较长。堆肥在发酵过程中碳氮比不断降低，原料中的有机质逐渐降解为小分子，矿质养分含量提高，进一步产生腐殖质。

腐解堆肥需提供有利条件：首先，应保证原料含水量为$60\%\sim75\%$，以满足发酵过程中微生物活动所需。其次，原料需具有一定疏松度，保障通气性，有利于微生物的增殖和好气发酵过程；由于微生物大量增殖和频繁活动能够导致酸度上升，故应通过加入石灰等手段保持原料处在一定的弱碱性环境中。最后，由于一般植物原料含碳量较高，会导致碳氮比过高而影响发酵进程，如禾本科秸秆碳氮比高于60：1，故需适当在原料中添加高氮物质，以促进有机质分解。

④沤肥。沤肥是指将杂草、秸秆等植物原料，与人粪尿、泥等一起在水坑里经厌氧发酵制成的肥料。堆沤时，为防止缺氧环境导致碳氮比升高影响微生物发酵，需采取适当翻动通气、添加人粪尿等方法加速发酵

过程。

⑤沼气肥。沼气肥是指将杂草、秸秆等植物原料，以及粪尿等生活废料在沼气池中发酵而成的肥料，包括沼液和沼渣。沼液常用于追肥，沼渣用于基肥需注意覆土。由于发酵速度较慢、有机养分剩余量较高，氮元素和钾元素含量均能够达到九成以上。由于对土壤氧气具有较高的还原性，极易导致植物根系缺氧而影响生长，故沼气肥出池之后需经一段时间堆放方可施用。

（2）特点。有机质占比土壤总量很小，却是地块肥力的基础。有机肥料是土壤有机质的有效补充，同时有机肥料的施用对土壤理化性质、土壤结构以及微生物的活动均有重要的改善作用。

①有机肥料供给蔬菜生长发育所需各种养分，这种作用时效长，肥效发挥慢，释放更加持久。有机肥料所含营养物质对蔬菜无毒害作用，这也为生产绿色蔬菜产品提供了安全保障。有机肥料中所含糖类物质是微生物增殖和活动的重要能量来源，充足的供给能够保证微生物的活性。

②有机肥料的施用在提高微生物活性的同时，其活动产生的多种酶类物质能够提高土壤多方面性能，促进土壤有效成分被蔬菜作物吸收。有机肥料的施用还能够促进土壤团粒结构形成，提高通气透水能力，为蔬菜生长发育提供良好的根际环境。

③有机肥料在土壤中逐步转化为具备较高阳离子代换量的腐殖酸，能够高效络合吸附有害物质，尤其是重金属离子，减少土壤和蔬菜产品的重金属污染。

综上所述，有机肥料具有多方面优点的同时，也存在一些问题。有机肥料原料的人粪尿、家畜粪便以及生活废物等本身即是自然界污染物。需要说明的是，随着饲料添加剂的大量使用，家畜粪便中还存在重金属残留的风险。无机肥料与有机肥料在养分含量、肥效以及制造施用过程存在较大差别，能够弥补有机肥料的不足，故为蔬菜提供养分时，适宜将两者结合施用，充分发挥两者所长。

2.2.2.4 混合肥料

混合肥料是由多种肥料按照一定比例混合加工而成的肥料。其基础肥料包括尿素、硫酸铵、氯化铵、硝酸铵、氯化钾、硫酸钾、普钙、重钙、钙镁磷肥、磷酸铵等单质化学肥料、复合化学肥料和有机肥料。

(1) 混合肥料的剂型。按照生产工艺的不同，混合肥料可分为粉状混合肥料、粒状混合肥料、掺合肥料、液态混合肥料和专用型混合肥料。

①粉状混合肥料。采用干粉混合而成，主要配料有粉状过磷酸钙、重过磷酸钙、硝酸铵、硫酸铵、氯化钾等。其缺点是物理性状差、易吸湿结块、施用不便，尤其不适于机械化施肥。

②粒状混合肥料。由粉状混合肥料经造粒而成。其优点是颗粒中养分分布比较均匀、物理性状好、施用方便。这类肥料是我国目前主要的复混肥料品种，发展前景广阔。

③掺合肥料。简称 BB 肥（bulk blending fertilizer），是用两种或两种以上粒度相对一致的复合肥料为原料，经机械混合而成的肥料。其优点是生产设备简单，加工费用低廉，随混随用，可根据当地的土壤和作物特点，灵活改变配方；缺点是会出现颗粒分离现象，影响产品质量与施肥效果。

④液态混合肥料。包括清液型和含有悬浮颗粒的悬浮型两类。典型工艺是氨化磷酸或聚磷酸作为液态肥料，再加入高浓度氮肥和钾肥，配制成各种规格的液态肥料。其优点是不吸湿不结块，可叶面喷施、滴灌或结合灌溉施用，也可作为营养液进行无土栽培等；缺点是需要有特殊的装运、储存及施用器具。

⑤专用型混合肥料。根据作物的需肥种类和比例配制的肥料，如烟草专用肥、果树专用肥、棉花专用肥等。

(2) 常用混合肥料种类。

①15-15-15 混合肥。氮、磷、钾养分相等，世界多数国家都生产和施用。

②养分比例不等混合肥。如在蔬菜上常用的三元混合肥：用于茄果类蔬菜的基肥有 14-18-16 型和 12-22-12-3（MgO）型等；追肥有 16-4-16 型和 10-4-8 型等；用于叶菜类的基肥有 12-16-12 型和 14-22-14 型等；追肥有 16-4-16 型和 23-0-23 型等。

③一些特殊类型的三元混合肥料。如配有缓释氮肥（长效氮肥）的三元混合肥，添加有农药、微量元素的三元混合肥等。

④多元混合肥料。在二元或三元混合肥料的基础上添加植物需要的中量元素或微量元素，如 10‐30‐0‐3.5（S）、20‐20‐15‐2（B）、15‐15‐12‐1（Zn）等。

⑤多功能混合肥料。在二元、三元或多元混合肥料的基础上添加杀虫剂、灭菌剂或生长素配制而成。

（3）混合方法。

①生产设备。破碎设备：链条式破碎机适合于比较湿松和硬度不大的肥料，如过磷酸钙、氨态氮肥等的破碎；刀片式破碎机适合于粒状尿素的粉碎；双辊式破碎机适合于硬质晶体状肥料，如氯化钾、硫酸钾等的破碎。

混合设备：常用的混合设备有盘式混合机、螺旋混合机、立式混合机等。

造粒设备：基础肥料是易挥发的碳酸氢铵时，必须采用挤压式或者辊轴式造粒机；基础肥料是黏湿的过磷酸钙时，则可采用圆盘造粒机或者转鼓造粒机。

干燥设备：常用的有圆筒式回转干燥机和沸腾干燥机，前者最为常用。

②生产流程。混合肥料主要的生产工艺流程包括固体物料的粉碎、过筛、称量、混合、造粒、干燥、冷却、筛分、质检和包装等。

基础物料粉碎后要过 6 目以上的筛。混合时，应将过磷酸钙与氨态氮肥进行混合，以中和游离酸，再与尿素、钾肥混合。并且，注意尿素要先同黏接剂、填充料掺混，以防止尿素吸潮。采用圆盘造粒时，圆盘倾角 45°，转速以每分钟 15～16 转为宜，边转动边喷水。圆盘造粒的特点是成粒率低、返料多，适合大型肥料厂。采用挤压法造粒是对原料施以重压，利用黏结作用将物料挤压成直径为 3～5 毫米的圆柱条，再将条料剪断成颗粒。挤压造粒的特点是成粒率高、返料少，适合中小型配肥站，特别适合于有机‐无机混合肥料的生产。干燥的烘干温度以 70～80℃为宜，温度过高会引起氮素损失。筛分后的肥料粒径应控制在 1～5 毫米，过大和过小的颗粒需重新回料造粒。若原料含水量低，则造粒后不需干燥，分筛后即可包装。值得强调的是，经过计算及混合形成的粉状肥料，可直接作为肥料施入土壤，也可用机械加工制成颗粒肥作为商品肥料销售。目前各种作物专用肥就是这样生产的。

（4）肥料混配的原则。

①化学肥料混配后不产生不良的物理性状，相反有利于改善肥料的物理化学性状；肥料养分不受损失或难消化；有利于提高肥效和工效。肥料种类很多，各有其自身的物理、化学性质；有些肥料之间混合时，会发生化学反应，而使营养物质损失（营养物质挥发或退化而转变为植物不能吸收的形态）和使肥料的物理性变坏，这种现象称为肥料的对抗作用，则说明这些肥料不具备混合性。与此相反，有些肥料互相混合，并不产生有害的副反应，这种现象称为肥料的协同作用，则说明这些肥料具备混合性。因此，在制作混合肥料时，要注意并不是所有肥料都可以任意地相互混合，要根据各种肥料混合的忌宜情况混配。

②有机肥料与化学肥料混合施用，有些增产效果比分别施用好，有些则混合后肥效降低，不宜混合。

某些有机肥料与化学肥料混合后，会提高肥效。厩肥、堆肥与钙镁磷肥混合，由于堆肥发酵产生各种有机酸，可促使钙镁磷肥中磷的溶解，提高磷肥肥效；过磷酸钙与厩肥、堆肥混合施用，可减少磷肥与土壤的接触面，避免磷酸固定；泥炭等有机肥料与草木灰、石灰氮混合，可利用后者成分中的碱性物质，中和泥炭中的酸性，提高泥炭肥效；人粪尿混合少量的过磷酸钙，可形成磷酸二氢铵，防止或减少氨的挥发损失。

某些有机肥料与化学肥料混合后，会降低肥效。硝态氮肥与未腐熟的堆肥、厩肥或新鲜秸秆混合堆沤，由于反硝化作用，易引起氮素损失；含有大量纤维素的碳氮比大的作物秸秆与氮素化肥混合，微生物分解纤维素时，会吸收大量的氮素，使无机态氮变成有机态氮，延缓氮肥肥效；此外，各种腐熟度高的有机肥料，其氮素多呈铵态氮存在，若与碱性肥料混合施用，也会造成氮的挥发损失，降低肥效，也不宜混合施用。

③肥料与农药混合是随肥料可用作农药的载体而发展起来的。其主要优点是减少操作，节省劳力，提高工效，提高肥效和药效；降低农药成本（肥料代替了农药中的填充剂）；减少了农药的毒害（肥料稀释了农药的浓度）。

肥料与农药混合施用时，首先应考虑不能因混合而降低肥效与药效。例如，过磷酸钙与西玛津、扑草净混合，西玛津和阿特拉津与除石灰以外的固体肥料混合，都不会降低除草剂的活性，可以混合使用。但多数有机磷农药与碱性肥料混合，易降低药效；含铵态氮（NH_4-N）或水溶性磷酸盐的肥料与碱性农药混合，易降低肥料的有效成分。这两种情况均不宜混合使用。其次，混合后对作物无害。如 2，4-D 类农药与化肥混合施用，不仅不对作物产生危害，而且能提高除草能力。所以，提倡 2，4-D 与化肥混合施用。而扑草净与液体肥料混合，会增大对玉米的毒性。因此，不可混合施用。再次，混合后性质稳定。如 2，4-D 与过磷酸钙混合，其物理、化学性质都很稳定。据测定，3 个月后其残留量仍有 91.2%。最后，混合后的施用时间、部位必须一致。总之，在混用前应先了解各种农药同肥料混合后可能发生的变化，在无不良影响时才能混用。

（5）产品质量。 我国从 1994 年开始陆续制定了多个混合肥料的国家标准，目前执行 GB 15063—2001。该标准对高、中、低浓度复混肥料的总养分含量、水溶性磷含量、水分含量、肥料颗粒的粒度及抗压强度等都作了具体要求（表 2.4），各生产单位的混合肥料都必须严格执行国家标准。

表 2.4　混合肥料的技术要求

指标名称	三元肥料			二元肥料
	高浓度	中浓度	低浓度	
总养分量（%）	≥40.0	≥30.0	≥25.0	≥20.0
水溶性磷占有效磷（%）	≥70.0	≥50.0	≥40.0	≥40.0
水分（%）	≤1.5	≤2.0	≤5.0	≤5.0
颗粒平均抗压强度（N）	≥12	≥10	≥8	≥8
粒度 1~4.75 毫米或 3.35~5.60 毫米颗粒百分率（%）	≥90	≥90	≥80	≥80

标准规定：组成该混合肥料的单一养分最低含量不得低于 4%，且单一养分测定值与标明值负偏差的绝对值不得大于 1.5%。以钙镁磷肥等枸溶性磷肥为基础磷肥配入氮、钾肥制成的复混肥料可不控制"水溶性磷占有效磷百分率"指标，但必须在包装上注明可溶性磷含量。若为氮钾二元

肥料，也不控制"水溶性磷占有效磷百分率"指标。以氯化钾为基础肥配成的复混肥料，应注明氯离子含量和不适于施用的作物种类。如产品氯离子含量大于3.0%，并在包装容器上已标明"含氯"时，可不检验该项目；但是，包装容器未标明"含氯"时，则必须检验氯离子含量。

另外，基于贵州有限耕地重茬种植问题，在综合防治中，尤其应注意肥水的合理灌溉。新开发的土壤通常微生物丰富多样，可以起到抑制土传病虫害的作用。然而，管理不善、施肥不当的田块或无法轮作的老田，极易成为土传病虫害的重灾区。因此，肥水施入，特别是有机肥料、生物菌肥的施入目的是保证充足的土壤微生物基数。多施腐熟优质有机肥料，少施化学肥料，这样可以增加土壤的缓冲能力，并能提供较为均衡的营养元素，避免施用化学肥料造成的土壤营养单一化，而且也会避免由于过多施用化学肥料所造成的土壤板结和酸化。因此，多施腐熟优质有机肥料是防止作物连作危害的有效措施之一。另外，氮磷钾的施入量不宜太大。当这3种元素浓度过大时，很容易造成土壤溶液浓度过高，使有益微生物脱水枯死。因此在施肥时，要根据作物所需而有所把控。

生物有机肥料和微生物菌剂的合理配合施入是防止重茬危害的有效手段。有机肥料的充分供给，可以保证微生物的繁殖，再结合补充微生物菌剂，以提高土壤中有益微生物的比重，从而压制有害微生物，进而促进土壤微生物整体良性的、对作物有益的繁殖；对于土传病虫害发作较为严重的土壤，应结合有机肥料多施入微生物菌剂，来提高有益微生物的占比。使用生物肥料、微生物菌剂不但能很好地抑制土传病害，选择合适的微生物，还能很好地预防地下害虫，有效地控制虫害。绿僵菌、白僵菌等生防真菌能够靶标防控蛴螬等地下害虫，淡紫拟青霉对防控线虫具有良好效果。

2.2.3 叶面施肥

2.2.3.1 叶面肥分类
按照不同的分类标准，可将目前常用的叶面肥分为以下几种类型：
按产品剂型，可分为固体（粉剂、颗粒）和液体（清液、悬浮液）两种类型。
按组分，可分为大量元素、中量元素、微量元素叶面肥和含氨基酸、腐殖酸、海藻酸、糖醇等水溶性叶面肥。

按作用功能，可分为营养型和功能型两大类。营养型叶面肥由大量、中量和微量营养元素中的一种或一种以上配制，其主要作用是有针对性地提供和补充作物营养，改善作物的生长情况；功能型叶面肥由无机营养元素和植物生长调节剂、氨基酸、腐殖酸、海藻酸、糖醇等生物活性物质或杀菌剂及其他一些有益物质等混配而成，其中各类生物活性物质对植物生长具有刺激作用，农药和杀菌剂具有防病虫害的功效，有益物质也对作物的生长发育具有刺激和改良作用。因此，该类叶面肥是将一些添加物的功能性和无机营养元素补充结合起来，从而达到一种相互增效和促进的作用。

2.2.3.2 营养型叶面肥

（1）大量元素叶面肥。大量元素肥料含有氮、磷、钾中的任意一种或者多种。氮源以铵态氮、硝态氮以及酰胺态氮等为主，还包括部分氨基酸氮素；磷源以偏磷酸盐和正磷酸盐等为主；钾源通常选用硫酸钾、磷酸二氢钾等，还可以用于根外追肥。

（2）中量元素叶面肥。中量元素肥料的高效利用方法以根外追肥为主，单独施用，如硅源（水溶性硅酸钠）、镁源（硫酸镁、氯化镁）和钙源（氯化钙以及其他螯合钙）。

（3）微量元素叶面肥。微量元素叶面肥一般有单质元素型与复合元素型两种。一般选用易溶性无机盐类及螯合类微量元素等作为原料（表2.5）。

表 2.5　微量元素的常用原料种类

养分分类	原料品种
硼	硼酸、硼砂（十水合硼酸二钠）、四水八硼酸钠、十硼酸钠等
锌	一水硫酸锌、七水硫酸锌、氯化锌、硝酸锌等
锰	一水硫酸锰、氧化锰、螯合锰等
铁	七水硫酸亚铁、一水硫酸亚铁、硫酸亚铁铵、螯合铁等
铜	无水硫酸铜、五水硫酸铜、螯合铜等
钼	钼酸铵、钼酸钠等

2.3.3.3 功能型叶面肥

(1) 植物生长调节剂型叶面肥。该类叶面肥中除了营养元素外，加入了调节植物生长的物质（表2.6）。一般采用赤霉素、三十烷醇、复硝酚钠、胺鲜酯（DA-6）、萘乙酸（钠）等促进生长的调节剂种类作为主要成分，主要作用是调控作物的生长发育，适于作物生长前中期使用。

表2.6 叶面肥中常用的植物生长调节剂

名称	功能特点
赤霉素	促进作物营养生长、促进坐果、调节开花
萘乙酸钠	促进生根、保花保果、疏花疏果
复硝酚钠	促进生根、发芽、生长
DA-6	促进生长、提高作物抗逆性
矮壮素	防止作物徒长
多效唑	控制作物徒长，促进生根
防落素	防止落花落果、促进提早成熟
2,4-D	防止落花落果、促进提早成熟
吲哚乙酸（钠、钾）	促进生根
吲哚丁酸（钠、钾）	促进生根
6-BA	促进发芽、促进坐果、延长储存期
乙烯利	催熟、着色
水杨酸	促进生根、提高作物抗逆性
甜菜碱	促进生根、提高作物抗逆性
壳聚糖	刺激生长、提高作物抗逆性

目前，生产上常用的调节剂有以上几种。植物生理学研究证明，不同的植物生长调节剂复配使用后，往往会产生增效作用。根系发育方面：复硝酚钠作为一种综合调节作物生长平衡的调节剂，可全面促进作物生长；其与萘乙酸钠复配，强化萘乙酸钠的生根作用，又增强复硝酚钠生根速效性，二者共同促进，使生根效果更快，吸收营养更强劲、更全面，加速促进作物生长健壮、节间粗壮、分枝分蘖增多、抗病抗倒伏。萘乙酸钠＋吲哚丁酸混剂可经由根、叶、发芽的种子吸收，刺激根部内鞘部位细胞分裂生长，使侧根生长快而多，提高植株吸收养分和水分能力，达到植株整体

生长健壮。由于该混剂在促进植物扦插生根中往往出现增效或加合作用，从而使一些难以生根的植物也能插枝生根；其他组合类型如生长素＋邻苯二酚、吲哚乙酸＋萘乙酸、脱落酸＋生长素、黄腐酸＋吲哚丁酸等均具有促进生根效果。

果实发育方面：通过赤霉素＋细胞激动素、赤霉素＋生长素＋6－BA、赤霉素＋萘氧乙酸＋二苯脲、赤霉素＋卡那霉素、赤霉素＋芸苔素内酯、赤霉素＋萘氧乙酸＋微量元素等复配提高单性结实率，提高果实单重，促进坐果、加快果实的膨大速度、增加果实的大小。通过矮壮素＋氯化胆碱、矮壮素＋乙烯利、乙烯利＋脱落酸、矮壮素＋乙烯利＋硫酸铜、矮壮素＋嘧啶醇、矮壮素＋赤霉素、脱落酸＋赤霉素等复配控制旺长，提高坐果率。

营养生长方面：通过吲哚乙酸＋萘乙酸、吲哚乙酸＋萘乙酸＋2，4－D＋赤霉素、助壮素＋细胞激动素＋类生长素等复配，提高植株对氮、磷、钾的吸收，增加产量。

生殖生长方面：通过萘乙酸＋苄氨基嘌呤、苄氨基嘌呤＋赤霉素、赤霉素＋硫代硫酸银、乙烯利＋重铬酸钾等复配，使果实作物由营养生长转化为生殖生长，促进开花。

很多植物生长调节剂在植物抗性中具有重要作用。胺鲜酯（DA－6）是一种新型、广谱的生长促进剂，具有安全性、无毒性、无潜在危害和使用方法简单等优点，同时可提高作物的坐果率、产量及改善品质。利用DA－6处理玉米不同时期研究表明，处理后其叶片的抗氧化酶和可溶性蛋白显著提高；采用DA－6对滁菊幼苗叶片处理增强了氮代谢水平，促进了其幼苗生长发育；利用100微克/升的DA－6处理水培生菜提高了其根系活力以及叶片SPAD值；陈艳丽等（2014）以辣椒幼苗为材料研究了高温胁迫下DA－6的喷施能够使植株光合能力、净光合速率以及蒸腾速率显著提高，证明其能够提高辣椒对环境的适应性。采用不同浓度DA－6处理茄子幼苗，在一定的高温胁迫下，发现20毫克/升的DA－6处理下茄子幼苗的叶绿素含量和根系活力有显著效果，能够缓解高温胁迫。利用DA－6处理有利于大豆苗期抗旱性提高，降低了丙二醛含量。

（2）含天然活性物质型叶面肥。该类叶面肥中一般含有从天然物质

（如海藻、秸秆、动物毛发、草炭、风化煤等）中处理提取的发酵或代谢产物，产生氨基酸、腐殖酸、核酸、海藻酸、糖醇等物质。这些物质有刺激作物生长、促进作物代谢、提高作物自身抗逆性等功能。

①氨基酸类叶面肥。氨基酸的来源有动植物两种。植物源氨基酸主要有大豆、饼粕等发酵产物以及豆制品、粉丝的下脚料；动物源氨基酸主要有皮革、毛发、鱼粉及屠宰场下脚料等。将原料转化为氨基酸的工艺也有所不同，最简单的是酸水解工艺，常用浓度为4～6摩尔/升的盐酸溶液，按比例与物料水解一定时间，然后用氨或其他碱性物质中和，调节 pH 后即为原液；较为复杂的是生物发酵法，常用复合菌群在一定条件下对物料进行4～6周的发酵，发酵液经提炼后，加工成含氨基酸水溶性肥料。

目前，我国市场销售的氨基酸肥多为豆粕、棉粕或其他含氮农副产品，经酸水解得到的复合氨基酸，主要是纯植物蛋白。此类氨基酸有很好的营养效果，但是生物活性较差；某些氨基酸类叶面肥经微生物发酵得到，富含多种活性成分，能够多方面促进蔬菜生长发育，起到增强抗病抗逆作用；对生根、促长、保花保果都有一定的作用。

②海藻酸类叶面肥。海藻酸类叶面肥通常采用化学、物理以及发酵方法从海藻中制得。其中，经物理手段获得的提取物富含多种抗生素、多糖和维生素，以及赤霉素、生长素等生长调节物质，对蔬菜生长发育及机体内部各生理生化过程具有综合活性。目前，海藻酸类叶面肥以海藻提取液为主；将海藻原料进行一定的高温高压处理，收集细胞液后进一步浓缩后获得有效提取液成分。

③含糖醇叶面肥。含糖醇叶面肥是从植物韧皮部采集的汁液得到的，其具有较好的渗透作用，能够通过与营养元素结合，将多种营养成分快速运输到作物所需部位，有利于蔬菜作物吸收。

④含腐殖酸叶面肥。腐殖酸主要有生化腐殖酸和煤炭腐殖酸两种类型。生化腐殖酸是以秸秆废料等农业废弃物为原料，通过微生物发酵作用，产生多种活性成分，包括维生素、多糖、氨基酸等，对蔬菜作物生长发育以及水分蒸腾、植物抗性等多方面机能具有促进作用。煤炭腐殖酸是以煤炭作为原料，利用适当的有机溶剂提取后，经氢氧化钠处理，再以酸中和碱液而获得的，主要有腐黑酸、黄腐酸等。煤炭腐殖酸原料成本低、

广泛易得，而其具有较强吸湿性，易凝聚金属离子。生化腐殖酸能够趋避煤炭腐殖酸这一问题，生理活性和水溶性较好。当前市面上的含腐殖酸叶面肥以煤炭腐殖酸为主，用于土壤施入，含量较高的也用于根外追肥，生化腐殖酸通常作为添加剂。

大量研究表明，黄腐酸不仅能够调节植物的生长、促进植物养分的吸收、提高植物的逆境适应性，且能够缓解植物所受到的环境胁迫（如抗旱、重金属污染、盐胁迫等）。研究发现，对意大利生菜喷施250毫克/升和500毫克/升的黄腐酸后，其叶片可溶性蛋白、可溶性糖和维生素C含量都有所增加，而250毫克/升的黄腐酸效果最佳。研究还发现，黄腐酸对番茄幼苗适应低磷胁迫具有生理调控作用，发现其提高了番茄幼苗的根冠比、叶绿素含量以及叶片光合作用性能，表明80毫克/升黄腐酸能有效抑制低磷胁迫，促进番茄幼苗的生长发育。通过不同浓度梯度处理，发现黄腐酸能够提高番茄幼苗的鲜重、干重、根长、株高以及叶绿素含量。对番茄的研究发现，在铜、镉单一胁迫下，黄腐酸对番茄的茎、叶鲜重及其株高、茎粗和叶绿素均有缓解作用。通过不同浓度梯度处理，发现黄腐酸对茶菊幼苗的株高、叶绿素均有增加，同时相对电导率下降，且200毫克/升的黄腐酸处理效果最佳，说明适宜的黄腐酸浓度可以抑制NaCl胁迫对幼苗生长的伤害，从而提高了植物的耐盐性。另外，采用适宜浓度的黄腐酸处理，发现其能够有效地缓解硝酸盐胁迫对小白菜的伤害，使小白菜的根长、叶长、根体积和单株鲜重均增加，其中浓度为0.15%时效果最佳。研究发现，矿源黄腐酸（MFA）对甜椒幼苗生长和耐热性有一定影响，MFA处理使其株高和鲜重增加，提高CAT、POD和SOD活性，且降低相对电导率和MDA含量，抑制H_2O_2产生和活性氧的积累。干旱胁迫下，黄腐酸钾处理使干旱胁迫下SOD、POD和CAT等抗氧化酶活性提高，同时降低了$O_2^-\cdot$产生速率以及MDA和H_2O_2含量，缓解了干旱胁迫对烤烟幼苗的影响。

⑤肥药型叶面肥。在叶面肥中，除了营养元素，还会加入一定数量不同种类的农药和除草剂等。不仅可以促进作物生长发育，还具有防治病虫害和除草功能。它是一类农药和肥料相结合的肥料，通常可分为除草专用肥、除虫专用肥、杀菌专用肥等。但作物对营养调节的需求与病虫害的发

生不一定同时，因此在开发和使用药肥时，应根据作物的生长发育特点，综合考虑不同作物的耐药性以及病虫害的发生规律、习性、气候条件等因素，尽量避免药害。

⑥木醋液（竹醋液）叶面肥。目前，市面上存在的木醋液（竹醋液）是收集树木和竹子高温烧制中产生的气体，使其冷却后获得的。木醋液中含有钾、钙、镁、锰、铁等矿物质，还含有维生素 B_1 和维生素 B_2；竹醋液中含有近 300 种天然有机化合物，包括有机酸类、酚类、醇类、酮类、醛类、酯类及微量的碱性成分等。木醋液和竹醋液最早是在日本应用，使用较广泛。我国在这方面的研究起步较晚，两者的生产还没有国家标准，但是相关产品已经投放市场。

⑦稀土型叶面肥。稀土型叶面肥是采用镧系元素中放射性较小、污染相对较轻的钕、镧等元素制成的，较为常用的主要有铈硝酸稀土叶面肥。

我国从 20 世纪 70 年代就已经开始稀土肥料的研究和使用，其在植物生理上的作用还不够清楚。现在只知道在某些作物或果树上施用稀土元素后，有增大叶面积、增加干物质重、提高叶绿素含量、提高含糖量、降低含酸量的效果。由于它的生理作用和有效施用条件还不很清楚，一般认为是在作物不缺大中微量元素的条件下才能发挥出效果。

⑧有益元素类叶面肥。近年来，部分含有硒、钴等元素的叶面肥料得以开发和应用，而且施用效果很好。此类元素不是所有植物必需的养分元素，只是为某些植物生长发育所必需或有益；受其原料毒性及高成本的限制，应用较少。

其他活性物质，如多胺、γ-氨基丁酸、5-氨基乙酰丙酸，对植物胁迫抗性的提高具有重要作用。多胺（Polyamines，Pas）是广泛存在于植物体内的一种高生物活性的低分子质量脂肪族含氮碱，是一类重要的植物生长调节物质，主要包括腐胺（Putrescine，Put）、精胺（Spermine，Spm）和亚精胺（Spermidine，Spd）等。而 Spd 作为 Pas 的一种，在生理条件下多以质子化形式存在，并具有生理代谢功能，能直接参与生物体的许多生理活动，与生物体的生长发育密切相关。大量研究表明，施加外源 Spd 能够提高植物在不同环境胁迫（淹水胁迫、高温胁迫、盐胁迫、渗透胁迫、冷胁迫等）的抗逆性。利用 Spd 喷施处理 NaCl 胁迫下的甜高粱幼苗，发现 Spd 可提高盐胁迫下甜高粱幼苗叶片叶绿素含量，提高可溶性糖和可溶性蛋白含量，降低 MDA 含量，提高 SOD、POD 和 CAT 活性，能够增强甜高粱幼苗的光合作用，促进幼苗生长。在植物抗弱光胁迫研究方面，以黄瓜为材料，研究在弱光胁迫下喷施外源 Put 和 Spd 对黄瓜植株叶片的影响。研究表明，叶面喷施 Put 或 Spd 与单纯弱光处理相比，可溶性糖含量明显升高，有效地提高了黄瓜幼苗对弱光胁迫的抗逆性。

Y-氨基丁酸（Y-aminobutyricacid，GABA）是一种天然活性物质，广泛分布于动植物体内，参与生物体的多种代谢活动，具有很高的生理活性，能够提高植物对逆境的适应能力。干旱胁迫下，甜瓜幼苗的相对生长速率降低，幼苗的生长发育受到严重抑制，导致干物质积累大量减少，SOD、POD、CAT 活性被激活，外源喷施 GABA 后上述指标均有不同程度的提高，随着 GABA 浓度的增加，各指标呈现先升高后降低的趋势。同时，植株体内丙二醛和脯氨酸含量大量积累，GABA 处理后二者含量均降低，轻度干旱胁迫下 20 毫摩尔/升 GABA 处理能较好地缓解胁迫。低氧胁迫下 5 毫摩尔/升 GABA 处理能够提高甜瓜幼苗的根长、株高、叶长、茎粗和叶绿素含量。外源 GABA 也能够增强甜瓜、不结球白菜等幼苗在盐碱、淹水等逆境胁迫中的抗性。GABA 作为细胞游离氨基酸库中一种重要的组成成分，在生物体内信号传递过程中起"第二信使"的作用，通过降低活性氧伤害、稳定细胞膜结构和调节生物大分子合成等减缓逆境胁迫对植物的伤害。研究表明，高温胁迫下，GABA 处理降低了黄瓜幼苗叶片的电导率，促进了黄瓜幼苗的株高、茎粗、叶面积的增加；其中，10 毫摩尔/升 GABA 处理最佳，5 毫摩尔/升 GABA 处理次之。也有研究表明，50 毫摩尔/升外源 GABA 可缓解盐碱胁迫对甜瓜幼苗生长的抑制作用，表现为提高甜瓜幼苗的地上部和根部的干重、鲜重，叶面积增加，叶绿素含量增加。研究者在不同作物和胁迫条件下，筛选的作用浓度存在差异。对低氧胁迫下甜瓜幼苗的研究表明，5 毫摩尔/升 GABA 能提高其 SOD、CAT 活性；对盐胁迫下玉米幼苗的研究表明，0.5 毫摩尔/升 GABA 能降低其叶片的 MDA 含量，减少膜脂过氧化物的生成，降低 $O_2^-\cdot$ 含量，显著提高叶片内可溶性蛋白含量，减少低氧胁迫对植物的损害。

大量研究表明，由于低浓度的5-氨基乙酰丙酸（5-ALA）处理能够调节植物生长发育，因此5-ALA被认为是一种具有多种生理功能的生长调节物质，5-ALA作为植物生长调节剂促进作物、蔬菜以及水果的生长，提高果实的品质，从而提高作物产量，通过调节叶绿素的合成，促进光合作用，表现出促进植物生长的效应。研究表明，低浓度ALA具有促进作物应对各种恶劣生长条件（如盐碱、低温、弱光照和干旱等）的作用。对甜瓜的研究表明，低浓度ALA处理可以促进弱光条件下甜瓜营养生长，叶绿素和可溶性糖含量均显著增加，还提高了甜瓜叶片的净光合速率和胞间CO_2浓度，证实外源ALA能极显著提高植物耐低温胁迫能力。5-ALA是大多数动、植物和微生物体内自身便存在的物质，可以用作植物生长调节剂来促进植物组织生长分化，调节绿色植物叶绿素的合成转化，且可提高抗氧化酶活性，因而具有加强作物应对各种恶劣生长条件能力的作用。探究5-ALA参与玉米幼苗抗冷性的缓解效应和生理机制，发现其能够提高低温胁迫下幼苗抗氧化酶活性，清除活性氧的积累，并且能够促进低温胁迫下幼苗渗透调节物质的合成，增加细胞水势，提高幼苗抗冷性；缓解低温胁迫对幼苗光合系统的伤害，提高幼苗叶片的光合能力。研究表明，叶面喷施适量的ALA能显著提高低温胁迫下辣椒叶片可溶性糖含量、叶绿素含量以及植株生长量，且明显降低叶片中电解质渗透率和MDA含量。常光或弱光时施用低浓度的5-ALA处理黄瓜幼苗，均可提高植株SOD、CAT、POD的活性，减少MDA的积累，并可促进株高、叶面积等的生长，增加茎粗，说明5-ALA可以提高黄瓜幼苗对弱光的耐性。

功能型叶面肥与营养型叶面肥的复配使用往往能够达到增效效果。如复硝酚钠＋尿素，两者搭配施用能够充分发挥复硝酚钠对蔬菜作物的生理调控作用，促进尿素被作物有效吸收利用；两者既能够作为基肥又能作为追肥施用，并且能够发挥速效性，保持良好持效性。又如三十烷醇＋磷酸二氢钾的复配：三十烷醇可增加作物光合作用，与磷酸二氢钾混合喷施，可提高作物产量，二者再针对性地配合以其他肥料或调节剂施用在相应作物上，效果更好。再如DA-6＋微量元素＋氮、磷、钾、DA-6＋微量元素（硫酸锌等）、DA-6＋大量元素（尿素、硫酸钾等），均使肥料发挥出比单用高几十倍的功效，同时增强植株抗病抗逆性。

根据特定作物的不同生育期，优选出的良好组合，辅以一定助剂通常能够获得良好效果。由于叶面施肥有许多优点，已成为生产中一项不可缺少的施肥技术与措施。叶面肥配方也应该考虑作物、土壤、气候等条件的差异，研制和使用针对性强、养分吸收效率高的专用叶面肥料。

2.2.4　灌溉调节

2.2.4.1　土壤灌溉

对于大多数蔬菜来说，相对湿度控制在 $60\%\sim75\%$ 是最为合适的，极少数作物例外。在浇水方式上，最好采用滴灌，这样更有利于提高土壤透气，减少土壤板结、盐碱化；同时，也可以根据作物实际所需而把控施肥浇水量，起到缓解土传病虫害的作用。在大棚内，土壤湿度的调节是重要而严格的环境调节因子之一。保护地内的土壤湿度调节措施主要是灌水，而灌水又存在着如何确定灌水期、灌水量、灌水设备以及灌水方法等问题。

(1) 确定灌水期。菜农目前仍凭传统经验，靠人的观察、感觉来确定灌水期。主要方法是：看天、看地、看作物长势来判断，而这种方法很难做到准确。而最科学和准确的办法是根据作物体内的水分状态，即根据测定作物体内的某些水分生理指标来确定灌水期。但这种方法又需要较复杂的仪器、较高的技术和较多的时间，难以直接用于一家一户的生产。

因此，目前仍常以土壤含水量为指标来确定灌水时期。即根据土壤含水量与作物生育的关系，确定作物生育的土壤临界含水量，然后反过来以这种土壤临界含水量为指标来确定灌水期。测定土壤含水量的方法主要有重量法、半导体土壤湿度计法、土壤水分张力计法等，国外生产上常采用土壤水分张力计法，我国有些地方也开始应用。土壤水分张力计是一种特制的真空负压表，测定土壤水分时需要把表中读数（常以兆帕或厘米水柱高表示）换算成 pF 值（以厘米水柱高表示土壤水分张力的负对数值），然后根据 pF 值与蔬菜作物生育的关系，确定灌水时期的适宜 pF 值，再以此 pF 值为依据指导灌水。

由于不同蔬菜作物或同一蔬菜作物的不同生育期对水分的要求不

同，以及不同土壤质地的田间持水量不同（如沙质土的田间持水量小于壤土，而壤土又小于黏土），使得确定各种蔬菜作物的适宜灌水期较复杂，最好经过具体试验后确定。此外，也有采用灌水间隔天数来确定灌水期的；有经验的菜农采用攥土手感来确定灌水期，但这些方法也因土质不同而异。

（2）确定灌水量。 灌水量与蔬菜作物种类、气象条件、土壤条件以及作物的生育状况、通风、加温、地膜覆盖等因素有关。因此，灌水量的确定也较复杂。较科学的办法是采用"蒸发蒸腾比率"来确定一次灌水量，但这种方法目前还不能在生产上广泛应用。温室或大棚内栽培的几种主要蔬菜中，黄瓜的需水量最大，其次是辣椒、番茄、茄子和芹菜。黄瓜等浅根性蔬菜以少灌、勤浇为宜。但在寒冷季节，以一次多灌、减少灌溉次数为宜，以免因频繁灌水而降低地温。

（3）灌水设备和灌水方法。

①沟灌。这种方法是将自来水或水泵抽上来的水，通过水渠或水管灌入垄沟中。冬春寒冷季节大棚的果菜生产中，为避免空气湿度过大，通常以地膜下沟灌为宜。沟灌简单、成本低，是目前蔬菜生产中常用的方法之一。但沟灌耗水量大，且容易使土壤板结，故在缺水或土壤黏重地区不宜采用。

②膜下滴灌或微喷灌。这种方法适用于成行栽培蔬菜，起垄后铺设滴灌管（带），根据土壤质地、作物种类及行距，确定滴头出水量及相应铺设密度。一般选择滴头流量2升/小时的滴灌管（带），番茄等茄果类作物应每行对应一条，滴头间距20～30厘米，甘蓝、生菜等作物可2行对应一条，滴头间距15～20厘米。如使用旧滴灌管（带），使用前应检查其漏水和堵塞情况。微喷适用于成行栽培蔬菜和密植蔬菜。成行栽培蔬菜在起垄后铺设微喷带，每垄铺设1条。密植蔬菜应将微喷带直接铺于畦内，根据微喷带的喷幅确定微喷带间距。建议在滴灌管（带）或微喷带（成行栽培蔬菜）上面覆盖地膜，可以有效提高地温和保墒，地膜厚度应选择0.012～0.014毫米，有利于回收。

膜下滴灌或微喷灌的优点是省水、节能、省力，不易使土壤板结，便于实现灌溉自动化。此法目前正在设施蔬菜生产中推广应用，效果良好。

但这种方法也存在着一些缺点，如要求水质较高、水孔有时出现堵塞、长期采用此法易于使土壤表层盐分积累。

③自动喷灌系统。这种方法是在大棚的骨架上悬挂多孔塑料管，管上每隔1米安装一个喷嘴，每个喷嘴可喷灌范围为3.2米圆径，每分钟灌溉量为1.2毫米左右，每喷灌10分钟相当于一次中雨的水量。这种喷灌系统可采用自动控制程序加以控制。这种方法容易造成作物沾水和使温室或大棚内空气湿度过大，促进病害的发生。因此，在没有除湿设备的大棚内不宜使用（食用菌生产用温室或大棚设施除外）。

④滴灌法是在多孔硬质塑料管上再安装细小硬质塑料管，然后将细小硬质塑料管放在作物根际，用每平方厘米0.2～0.5千克的低压向多孔硬质管供水，并使水通过细小硬质塑料管滴入作物根际土壤中。这种方法可防止土壤板结和空气湿度过大，进而防止病害发生。但此法所需设备的费用比软管滴灌法要高，同时也存在着与软管滴灌相同的缺点。

2.2.4.2　灌溉施肥

（1）施肥设备。 单个机井控制范围内蔬菜品种和茬口一致的园区，宜在井房首部配备施肥设备，如自动施肥机。若蔬菜品种与茬口不一致，宜在棚内首部增加施肥设备，如压差式施肥罐、文丘里施肥器和比例注肥泵等。采用压差式施肥罐，施肥罐容积应该根据栽培面积确定，最低不小于15升，施肥罐宜做避光处理。

（2）精准灌溉施肥。 坚持"少量多次"的原则，根据天气和作物长势等精准灌溉施肥，提高水肥生产效率。土壤栽培条件下（壤土）越冬茬果类蔬菜单次灌溉量6～8立方米/亩，7～10天灌溉1次，要选择晴天中午进行灌溉，以免造成土温大幅度下降。同时，每次灌溉随水追肥4～6千克/亩，建议采用全水溶、高浓度的微灌专用肥，肥料养分含量50%～60%，含有适量中微量元素，$N：P_2O_5：K_2O$ 约为1.0：0.3：1.7，低温时适当加施黄腐酸、腐殖酸和生物菌肥，以提高果实品质和抗病能力。春茬果类蔬菜土壤栽培灌溉施肥量见表2.7。基质栽培条件下每日每株灌溉由1～2次逐步增加到2～3次，其中60%灌溉量集中在10：00～14：00。

表 2.7　春茬果类蔬菜土壤栽培灌溉施肥量

作物	项目	生育时期	定植	苗期	开花期	坐果期
番茄	灌溉	灌水次数（次）	1	0~2	0~2	8~11
		灌水量［立方米/(亩·次)］	10~20	6~10	6~10	8~12
	施肥	施肥次数（次）	—	0~2	0~2	8~11
		施肥量［千克/(亩·次)］	—	2~5	2~5	2~6
		N:P$_2$O$_5$:K$_2$O		1.2:0.7:1.1	1.1:0.5:1.4	1.0:0.3:1.7
黄瓜	灌溉	灌水次数（次）	1	1~2	1~2	12~15
		灌水量［立方米/(亩·次)］	10~20	6~10	6~10	8~12
	施肥	施肥次数（次）		1~2	1~2	12~15
		施肥量［千克/(亩·次)］		2~5	2~5	2~6
		N:P$_2$O$_5$:K$_2$O		1.2:0.7:1.1	1.1:0.5:1.4	1.0:0.3:1.7
辣椒	灌溉	灌水次数（次）	1	0~2	1~3	3~6
		灌水量［立方米/(亩·次)］	10~20	6~10	6~10	8~12
	施肥	施肥次数（次）	—	0~2	0~2	3~6
		施肥量［千克/(亩·次)］	—	2~4	2~4	2~5
		N:P$_2$O$_5$:K$_2$O		1.2:0.7:1.1	1.1:0.5:1.4	1.0:0.3:1.7
茄子	灌溉	灌水次数（次）	1	0~2	0~2	8~10
		灌水量［立方米/(亩·次)］	10~20	6~10	6~10	8~12
	施肥	施肥次数（次）	—	0~2	0~2	8~10
		施肥量［千克/(亩·次)］	—	2~4	2~4	4~6
		N:P$_2$O$_5$:K$_2$O		1.2:0.7:1.1	1.1:0.5:1.4	1.0:0.3:1.7

注：施肥量为纯养分量。

　　随着气温升高和光照增强，果类蔬菜生长加速，其蒸发量的增加，应逐步减少灌溉间隔时间，要相应增加施肥量。同时，如遇到雾霾、雨雪等天气，要适当推迟灌溉施肥。

（3）设施维护保养。

　　①单管道系统维护保养。在灌溉季节结束后，要对管道系统进行全系统的高压清洗。首先，打开各支管末端堵头，用水冲洗 5~10 分钟，将管道内积攒的污物冲洗出去，装回堵头。然后，再打开田间滴灌管（带）末端堵头，用水冲洗直至无污物流出为止。冲洗结束后，要充分排净水，装

回堵头。在生产中如果滴灌管（带）、微喷带等出现破损和堵塞，要及时进行更换，防止灌溉不均。

②施肥系统维护保养。压差式施肥罐施肥之后，要仔细清洗施肥罐内的残液并晾干，然后将罐体上的软管取下并用清水洗净，注意不能用力拉扯，防止软管断裂，软管要置于罐体内保存。文丘里施肥器施肥之后用清水冲洗干净。比例注肥泵除要清理肥料罐之外，还要定期给驱动活塞涂润滑油润滑。施肥机首先要清洗注肥泵和肥液罐，先用清水洗净肥液罐，打开罐盖晒干，再用清水冲净注肥泵。清洁施肥机表面，如有金属镀层有损坏，立即清锈后重新喷涂。

2.2.4.3 地膜覆盖

不论设施大棚还是露地栽培，采用地膜覆盖不仅是精准灌溉施肥的基础，还有利于地面反光以增加植株下层光照。实际生产中，应根据作物种类、栽培时期和栽培方式选择适宜的地膜覆盖方式。

（1）地膜覆盖方式。

①平畦覆盖。平地作低畦覆盖地膜，在四周畦埂上压土，适于生长期较短、喜湿、浅根性的速生蔬菜或部分宿根菜栽培。优点是保水能力强，便于施肥灌水。缺点是地温提高得慢，地膜易受泥土污染而降低透光率，不利于机械化作业，增产效果较差。

②高垄覆盖。平地起垄后直接单垄或双垄覆盖，45～60厘米宽、10～15厘米高，在垄沟两边压土。优点是增温快、保温较好、方法简便、不需作畦；也可进行机械化作业，适于大面积中、远郊蔬菜覆盖栽培。缺点是增产效果不如高畦覆盖明显。

③高畦覆盖。平地起垄后，合并两垄作成高畦，待平整畦面之后再进行覆膜。常用的适宜规格是：畦高10～15厘米，畦面宽50～70厘米，畦底宽100厘米。

④沟畦覆盖。也叫做改良式高畦（天幕），是把高畦中部开两个沟，在沟底定植秧苗，即"先盖天，后盖地"。前期保温防霜，后期便于灌水。

（2）地膜覆盖效应。

①对环境条件的影响。对土壤环境的影响：提高膜下土壤温度，保持土壤湿度，改良土壤性状，提高土壤肥力及肥料利用率，防止地表盐

分聚集。

对近地面小气候的影响：增强作物的光能利用率，降低空气相对湿度。

②对蔬菜作物生育的影响：促进种子发芽出土及加速营养生长，促进作物早熟，促进植株发育和提高产量，提高产品质量，增强作物抗逆性。

③其他效应：防除杂草（70%左右）、节省劳力（10%左右）、节水抗旱（30%～40%）、驱避蚜虫（蚜虫喜欢黄色）；不利效应（残膜、土壤肥力下降快、贫瘠土地不宜采用、对精准测土施肥技术要求高）。

（3）地膜的种类。农用地膜是指直接覆盖于栽培畦或近地面的薄型农膜。近年来，各种有色的农膜纷纷上市，由于不同颜色的农膜对光谱的吸收和反射规律不同，对农作物生长及杂草、病虫害、地温的影响也不一样。因此，在使用中要针对不同农作物的特点和种植季节，选择不同颜色的农膜。

①无色透明地膜。通常也称为普通地膜，其透光率和热辐射率达90%以上，还有一定的反光作用，广泛用于春季增温和蓄水保墒。此外，还可提高土壤微生物活性，对改良土壤、提高土壤有机质含量有一定作用。优点是膜透光性好，土壤增温效果明显，早春可使耕层土壤增温2～4℃；缺点是由于透光性好，覆盖地面易生杂草，所以在铺膜前最好喷洒除草剂。常见的无色地膜主要有高压低密度聚乙烯地膜（LDPE）、低压高密度聚乙烯地膜（HDPE）、线性低密度聚乙烯地膜（L-LDPE）和线性与高压聚乙烯共混膜，其主要参数见表2.8。

表2.8 几种常见地膜的主要性能与规格

地膜种类 性能、规格	高压低密度聚乙烯地膜（LDPE）	低压高密度聚乙烯地膜（HDPE）	线性低密度聚乙烯地膜（L-LDPE）	线性与高压聚乙烯共混膜
厚度（毫米）	0.014～0.015	0.005～0.008	0.005～0.007	0.007～0.010
用量（千克/亩）	7～10	<4	3左右	<5
拉伸强度（千克力/平方厘米）	≥100	≥300	≥150	≥120
伸长率（%）	≥100	≥200	≥200	≥130

（续）

地膜种类 性能、规格	高压低密度聚 乙烯地膜（LDPE）	低压高密度聚乙 烯地膜（HDPE）	线性低密度聚乙烯 地膜（L-LDPE）	线性与高压聚 乙烯共混膜
撕裂强度 （千克力/平方厘米）	≥40	≥120	≥120	≥60
单位重量面积 （立方米/千克）	70～80	150	150～200	150

②有色地膜。根据不同染料对太阳光谱有不同的反射与吸收规律，以及对作物、害虫有不同影响的原理，人们在地膜原料中加入各种颜色的染料，制成有色地膜。

黑色地膜：在聚乙烯树脂中加入 2%～3% 的炭黑制成。透光率低于10%，能有效防止土壤中水分的蒸发和抑制杂草的生长。但增温较缓慢，不及透明膜，地面覆盖可明显降低地温、抑制杂草、保持土壤湿度。杂草严重的地块或高温季节栽培夏萝卜、白菜，选用黑色地膜效果最好。优点是膜透光率很低，阳光大部分被膜吸收，膜下杂草因缺光黄化而死，具有较好的灭草作用；缺点是对土壤的增温效果不如透明膜，一般可使土温升高 1～3℃，而且自身较易因高温而老化。

银灰色地膜：透光率在 60% 左右，能够反射紫外线，地面覆盖具有降温、保湿，驱避蚜虫、白粉虱，减轻作物病毒病的作用，对黄条跳甲、黄守瓜、象甲也有驱避作用；还能抑制杂草生长，且保水效果好。能增加地面反射光，有利于果实着色。适用于春季和夏秋季蔬菜的防治病虫及抗热栽培。

银灰色条带膜：中间为白色，有利于土壤增温；两侧为黑色，可抑制垄帮杂草滋生。在透明或黑色地膜上，纵向均匀地印上 6～8 条 2 厘米宽的银灰色条带，除具有一般地膜性能外，尚有避蚜、防病毒病的作用。这种膜比全部银灰色避蚜膜的成本明显降低，且避蚜效果也略有提高。

黑白双面膜：与银灰色地膜作用相似，乳白色向上，有反光降温作用；黑色向下，有灭草作用。主要用于夏秋蔬菜抗热栽培，具有降温、保水、增光、灭草的功能。

绿色地膜：绿色地膜易老化，造价较高，耐久性较差，易破碎，极易褪色，导致使用期缩短。所以，可在一些经济价值较高的作物上或设施栽培时用于地面覆盖。防止杂草滋生功效显著：通过阻碍膜下杂草叶绿素合成，从而减少其光合作用。绿色地膜下土壤升温效果低于透明地膜，高于黑色地膜。绿色地膜对辣椒等茄果类蔬菜作物生长发育和品质形成具有促进作用。

③特种地膜。除草膜：在薄膜制作过程中掺入除草剂，覆盖后单面析出除草剂达 70%～80%，膜内凝聚的水滴溶解了除草剂后滴入土壤，或在杂草触及地膜时被除草剂杀死。国内厂家生产的适用于除草膜的除草剂主要有除草醚、敌草隆、除草剂 1 号等，可用于茄子、黄瓜、番茄等蔬菜。

有孔膜：在地膜吹塑成型后，经圆刀切割打孔而成。孔径及孔数排列是根据栽培作物的株行距要求进行的。在普通地膜上用激光打出微孔，每平方米打 200 孔、400 孔或 800 孔，以增加地膜透气性，防止膜下土壤 CO_2 含量过高。

地膜的种类、特性与使用效果见表 2.9。

表 2.9　地膜的种类、特性与使用效果

种类	促进地温升高	抑制地温升高	防除杂草	保墒	控制病虫害	果实着色	耐候性
透明膜	优	无	无	优	弱	无	弱
黑色膜	中	良	优	优	弱	无	良
除莠膜	优	无	优	优	弱	无	弱
着色膜	良	弱	良	优	弱	无	弱
黑白双色膜	良	弱	弱	优	弱	无	弱
有孔膜	良	良	良	良	弱	无	弱
银灰膜	无	优	优	良	良	良	无

2.3　蔬菜病虫害防治技术

蔬菜安全生产和绿色农业战略，是我国农业和蔬菜产业发展的总趋势。随着种植结构和栽培措施的多样化，耕地生态环境也在不断发生变化，病虫的危害日趋复杂化。在实际生产中，为了最大限度地确保产量，极易导致农药的过量施用。这与绿色安全生产的宗旨背道而驰。

目前，化学农药的剂型主要以乳油和可湿性粉剂为主。研究表明，施用农药不当会引起病虫害自身抗药性的提高。以草地贪夜蛾为例，2019年在云南首次发现并迅速蔓延至贵州，其对氨基甲酸酯类、有机磷类以及拟除虫菊酯类常规农药均具有中高等抗性。2010年后，国外有大量有关草地贪夜蛾农药的研究，如美国杜邦公司研发的新一代双酰胺类杀虫剂氯虫苯甲酰胺等。2012年，国外施用实验证明，包括氯虫苯甲酰胺在内的6种农药均能够有效控制草地贪夜蛾；然而仅过6年，在同一地区，草地贪夜蛾已对几种新型杀虫剂产生不同程度的抗性，氯虫苯甲酰胺达到160倍，而氟苯虫酰胺则高达500倍；其他地区，如墨西哥索诺拉省当地的草地贪夜蛾对毒死蜱的抗性也达到20倍。虫害对单一农药产生抗性的同时，还可能出现交互抗性，草地贪夜蛾在抗Bt蛋白的同时，对乙酰甲胺磷抗性达到19倍。同时，农田施用后，经径流与扩散进入水体和大气中以及土壤中的残留量，分别占总量的20%～30%以及50%～60%，即有效部分仅为总量的10%～30%。农药的合理施用，直接关系到农产品安全、人畜食品安全以及环境安全。根据贵州大力发展安全绿色蔬菜的战略目标，探索生物农药替代策略，落实绿色防控示范区建设，示范推广蔬菜病虫害绿色防控配套技术，是现阶段乃至未来很长一段时间需解决的问题。

2.3.1 病虫害诊断

2.3.1.1 病害诊断

侵染性病害约占植物病害总数的2/3，此外为生理性病害。生理性病害是蔬菜受不良生长环境限制，加之种植管理不当等引起的气象灾害（冷害、冻害、热害、干旱、水涝等）、药害（杀虫剂、杀菌剂等）和肥害（缺素、元素中毒）等，致使蔬菜局部或整株，甚至成片发生异常，而无逐步传染扩散的现象。本节重点讨论侵染性病害。侵染性病害是由病原生物引起的传染性病害，田间始发时一般呈点片状、零星分散且健病株混杂存在，随着病情的发展常形成发病中心，并继续向四周扩散蔓延，有从轻到重的病变过程。

（1）真菌性病害。蔬菜遭到病菌侵染，植株感病部位生有霉状物、菌丝体并产生病斑。真菌病害症状多为坏死、腐烂和萎蔫，大多数在病部有霉状物、粉状物、点状物、锈状物等病症。

（2）细菌性病害。多数蔬菜细菌病害症状特点表现为坏死、萎蔫、腐烂等，病部有菌脓、菌膜、菌痂；坏死病斑多受叶脉限制，为角斑或条斑，初期有水渍状或油渍状边缘，半透明，常有黄色晕圈，如黄瓜细菌性角斑病；萎蔫性病害，用手挤压病株茎基部横切面，可见菌脓，且维管组织变褐，如辣椒青枯病；腐烂症状的，蔬菜感病后组织解体，常伴有臭味，无菌丝，如白菜软腐病、芹菜软腐病。

（3）病毒病害。蔬菜感病后引起畸形、丛簇、矮化、花叶、皱缩、坏死等症状，并有传染扩散现象；多为系统性侵染，症状多从顶端开始表现，然后其他部位陆续出现。

（4）根结线虫病害。植株生长衰弱，显示营养不良，生育迟缓，致使植株矮小，色泽失常，叶片萎蔫，与缺肥水的表现相似；叶片、茎秆没有病原物，拔出根系，根部长有瘤状物；线虫的分布随种植年数增加而加重。与豆科作物的根瘤和十字花科根肿病不同：用刀切开瘤状物，横截面为白色、有虫体的是线虫，横截面为粉红色的是根瘤；十字花科根肿病只危害十字花科作物，其根结组织膨大呈结肠状，解剖根结膨大处，切面平滑。

2.3.1.2　虫害诊断

首先查看有无害虫及其危害的表现。如蚜虫、棉铃虫等刺吸、啃食、咀嚼蔬菜引起的植株异常生长和伤害现象，可见虫体或排泄物。

（1）叶片上有由黄白色失绿斑点组成的黄斑，叶片僵硬或扭曲，植株生长缓慢，应查看叶片背面有无红蜘蛛、叶螨、白粉虱、蓟马等刺吸式口器的小型害虫。

（2）作物顶端嫩叶小、黑、僵、卷，叶片背面有油点，幼果上有皱状斑块，多是茶黄螨危害所致。

（3）植株矮小、叶色偏黄，叶片无害虫也无霉、粉、点状物，查看茎秆、根部有无异常，如韭菜及葱蒜类根部的蛆虫。

2.3.2 病虫害防治

2.3.2.1 防治原则和方法

（1）防治病虫害要提前用药，以预防为主。病害发生中后期再用药，效果往往不理想。因此，对于一些蔓延较快的病害一定要提前用药。提前用药的方法主要有两个方面：第一，以定期喷施杀菌谱或杀虫谱广的防病虫药剂，即蔬菜用药方案中的主药，从定植后开始每隔15～20天喷施一次；第二，了解病虫害发生所适宜的环境特点，在病害进入发生期之前直到安全度过该病虫害高发期这段特定时期使用预防此种病虫害的药剂。

（2）预防药剂杀菌谱要广，治疗药剂要有针对性。使用药剂预防病害时，应选择杀菌谱较广的药剂，可以节省人力、物力以及用药成本。杀菌谱较广的药剂往往对病原菌的杀灭效果难以达到最佳，但其多次使用产生抗药性的概率也相应降低。因此，在预防病害时应以注重杀菌效果全面、避免作物产生抗药性为原则。在病害发生后选择农药时，则要采用更有针对性的药剂，选择对这种病原菌效果最好的药剂来使用，在最短的时间内迅速治病；即使是同一类型的农药，也有其各自的防治范围。如菊酯类农药能防治多种害虫，而克螨特只能防治螨类，在预防害虫时可以用菊酯类农药，而当螨虫危害严重时应使用克螨特。

（3）多种药剂交替、混合使用。不论是预防或治疗病害，使用药剂时均应多种药剂交替使用，这一点对预防药剂来说要求相对低一点，上述也提到杀菌谱较广的预防药剂其抗药性的产生一般较慢。多种药剂交替使用的目的：一是避免产生抗药性，二是在不了解哪种药剂更有针对性时增加铲除病害的概率。例如，使用高效氯氟氰菊酯、甲维盐、氯虫苯甲酰胺、苏云金杆菌等药物轮换交替喷雾处理，对豆荚螟的防治具有良好效果；采用联苯菊酯、啶虫脒、乙基多杀菌素等药物加有机硅轮换交替喷雾处理能够有效防治蓟马危害。

相对于单一药剂施用，不同药剂的混配对蔬菜病虫害的防治往往会取得更好的效果。两种针对同种病虫害的药剂混合使用，一是能够提高用药效果，二是还能减缓抗药性的产生。例如，在白粉虱危害严重时，最好选择杀卵效果较好的亩旺特和杀成虫的啶虫脒混合喷施，能够有效增加持效期；在防治细菌性病害时，要选择触杀效果强的铜制剂和内吸性效果好的中生菌素、春雷霉素等混合使用；利用防治霜霉、疫病的常规药剂与有机铜制剂混配，可以提高药效 50％以上。需要注意的是，这种混配、混用必须经过严格试验，在取得成功的经验和资料后，方可大面积示范推广，一般情况下不建议 3 种以上农药混合使用。蔬菜病虫害防治的混配药剂配方案例见表 2.10。

表 2.10　蔬菜病虫害防治的混配药剂配方案例

蔬菜病虫害	药剂配方
重茬连作	克菌丹＋枯草芽孢杆菌
根部病害	水合霉素＋恶霉灵
白粉虱、蚜虫、蓟马	噻虫啉/阿维菌素＋螺虫乙酯
蓟马	5％甲维盐＋橙皮精油
盲蝽、椿象等刺吸式害虫	氟啶虫胺腈＋乙基多杀菌素
白粉虱	20％呋虫胺悬浮剂＋20％哒螨灵可湿性粉剂
炭疽、叶斑病	25％咪鲜胺乳油＋50％异菌脲可湿性粉剂
晚疫病	70％代森锌＋50％烯酰吗啉
病毒病	5.9％辛菌胺吗啉胍＋70％啶虫脒＋0.001％芸苔素内酯

（4）提倡使用有效低浓度。药剂的使用浓度（或每亩用药量），是决定药效的一个重要因素。通常浓度越高，药效越大，但同时会造成浪费和污染，导致病虫害抗药性提高。相反，使用浓度太低，用药量太少，达不到防治要求，也同样是浪费人力和物力，造成病虫危害而减产。因此，一定要按照经过严格试验后所确定的浓度和用量。

目前，大力提倡使用有效低浓度，即使用农药的浓度（或用量），以能杀灭 80％左右的害虫或病原菌为限，而不要用杀灭 100％的浓度，这种浓度称为有效低浓度。一般在病害发生后，第一次喷药时使用正常浓度或正常浓度以下；若防治效果不明显，第二次使用这种药剂时可适当增加浓度来增强其效果；如果浓度加大后依然起不到理想效果，则放弃使用该种药剂而选择其他药剂。

2.3.2.2 常见病虫害防治药剂

（1）茄科蔬菜（辣椒、茄子）主要病害。主要病害及其防治见表2.11。

表 2.11 茄科蔬菜主要病害及其防治

病害名称	病害类型	危害症状	防治药剂
疫病	真菌性	危害茎部、果实和叶片。感染后，首先在茎基部出现暗绿色水渍状、软腐状病斑，随后发病部位以上的茎秆倒伏，最终造成植株枯萎	初发时，可喷施70%甲基硫菌灵可湿性粉剂800倍液、75%百菌清可湿性粉剂600~900倍液、光合细菌菌剂300倍液、64%噁霜·锰锌可湿性粉剂400~600倍液或72.2%霜霉威盐酸盐水剂600~800倍液等药剂
炭疽	真菌性	主要危害果实。患病初期，病斑呈水渍状斑点，很快扩大为大小不一的圆形黑褐色病斑；患病后期病斑周围深褐色、中心灰白色	80%福·福锌可湿性粉剂800倍液、70%甲基硫菌灵可湿性粉剂1000倍液、70%代森锰锌可湿性粉剂400倍液、70%百菌清可湿性粉剂500倍液等药剂喷施
病毒病	病毒性	花叶型：叶片出现不规则浓绿与淡绿相间的花斑 黄化型：病叶变黄，植株矮小 坏死型：包括顶枯、斑驳坏死和条纹状坏死3种症状 畸形型：表现为病叶明显缩小变厚或呈蕨叶状，叶面皱缩，植株节距变小，植株矮化、枝叶呈丛簇状	播种前用10%三磷酸钠液浸泡25分钟，清洗后晾干以避免种子带毒；从苗期开始，可用10%吡虫啉可湿性粉剂1000倍液喷雾，防治蚜虫与粉虱等媒介昆虫；发现病株后，需立即拔除以防止病毒扩散，初发病期可用20%病毒灵可湿性粉剂600倍液，或选用2%菌克水剂300倍液加有机络合肥喷施
青枯病	细菌性	危害整株。发病初期，首先在细根部位出现褐变；发病后期，叶片表现为焦枯状	75%百菌清可湿性粉剂600倍液、50%多菌灵可湿性粉剂500倍液、70%甲基托布津可湿性粉剂800倍液等药剂防治
根结线虫病	根结线虫病害	主要危害根部，受害较轻时症状不明显，受害严重时会导致植株发育不良或生长停滞，株型矮化、下部叶片变黄，植株僵老萎蔫，辣椒果实小，植株结果少	10%噻唑磷颗粒剂或5%阿维菌素颗粒剂防治

（2）十字花科蔬菜（大白菜、萝卜）主要病害。主要病害及其防治见表 2.12。

表 2.12 十字花科蔬菜主要病害及其防治

病害名称	病害类型	危害症状	防治药剂
霜霉病	真菌性	多从下部叶片开始发病，叶正面开始出现不定形的褪绿斑点，逐渐扩大，因受叶脉限制呈多角形，颜色渐变为黄褐色，潮湿时病斑正反两面会长出疏松的白色霉层，许多病斑相连时会使叶片早枯脱落	发病初期用 72.2% 普力克水剂 600～800 倍液、75% 百菌清可湿性粉剂 500 倍液、64% 杀毒矾 500 倍液等药剂喷雾防治
黑腐病	真菌性	引起维管束坏死变黑，但病部不软化，不发出恶臭味，区别于软腐病	72% 农用硫酸链霉素可溶性粉剂 3 000 倍液、100 万单位新植霉素粉剂 3 000 倍液灌根防治；50% 琥胶肥酸铜可湿性粉剂 500 倍液、14% 络氨铜水剂 300 倍液、77% 可杀得可湿性粉剂 400 倍液等药剂交替喷施
根肿病	真菌性	发病初期无法正常观察，真菌会入侵白菜的根部，导致根部出现各种大小的肿瘤。发病一段时间后，地面上的植株便会逐渐萎蔫，生长速度极慢甚至停止生长	幼苗移栽前用 15% 石灰水或 10% 氰霜唑悬浮剂 1 500～2 000 倍液浸根或作定根水浇施，防止病菌侵入根系；移栽前使用氟啶胺或谱菌特进行土壤处理；发病后用 10% 氰霜唑悬浮剂 1 500～2 000 倍液、75% 百菌清可湿性粉剂 800 倍液、20% 喹菌酮可湿性粉剂 1 000 倍液，对发病株基部定点喷药防治
软腐病	细菌性	柔嫩多汁的组织受侵染后开始多呈浸润半透明状，后渐呈明显的水渍状；颜色由淡黄色、灰色至灰褐色，最后组织黏滑软腐，并有恶臭。较坚实少汁的组织受侵染后，病斑多呈水渍状，先淡褐色，后变褐色，逐渐腐烂，最后病部水分蒸发，组织干缩	27.12% 铜高尚 500 倍稀释液、46% 加瑞农可湿性粉剂 800 倍稀释液、72% 硫酸链霉素 500 倍稀释液等药剂

（3）菜豆主要病害。主要病害及其防治见表 2.13。

表 2.13　菜豆主要病害及其防治

病害名称	病害类型	危害症状	防治药剂
炭疽	真菌性	危害叶、茎、豆荚。叶片发病为黑褐色圆斑，严重时病斑开裂或穿孔，叶片畸形萎缩而枯死。豆荚发病初生褐色小点，扩展后为圆形或长圆形黑褐色病斑，稍凹陷，边缘有红色晕圈	发病初期用10%苯醚甲环唑水分散粒剂1 000倍液、嘧菌酯悬浮剂1 000倍液、咪鲜胺乳油1 000倍液、80%福·福美锌可湿性粉剂1 000倍液等喷施
根腐病	真菌性	在茎基部或根部产生褐色或黑色斑点，先由侧根发生蔓延至主根，造成烂根和植株枯死	用50%多菌灵可湿性粉剂500倍液灌根
疫病	细菌性	主要危害叶、茎蔓、豆荚和种子。叶片受害多始于叶尖或叶缘，初为水渍状暗绿色小斑，后扩展为不规则形褐斑，周围有黄色晕圈。病斑连合全叶变黑枯死；茎部病斑与叶片相似，稍凹陷，绕茎一周使上部茎叶枯死；豆荚受害产生褐色圆形斑，凹陷，豆角皱缩	发病初期用77%氢氧化铜可湿性粉剂600倍液、57.6%氢氧化铜水分散粒剂800倍液、30%琥胶肥酸铜可湿性粉剂500倍液、72%农用硫酸链霉素可溶性粉剂2 000倍液等药剂喷雾

(4) 蔬菜主要虫害。危害茄科、十字花科以及豆科蔬菜的害虫可以分为咀嚼式口器及刺吸式口器两类。咀嚼式口器害虫主要有斜纹夜蛾、地老虎、甜菜夜蛾、烟青虫、棉铃虫等，这类害虫主要通过取食植物叶肉、花、茎秆等组织造成危害。甜菜夜蛾可采用甲氨基阿维菌素（锐普美卷）、虫螨腈、氯虫苯甲酰胺、茚虫威、甲氨基阿维菌素、虱螨脲、氟啶脲、多杀霉素、虫酰肼、苜蓿银纹夜蛾核型多角体病毒等防治。烟青虫可采用甲氨基阿维菌素、高效氯氰菊酯、氯虫·高氯氟等防治。菜青虫可采用甲氨基阿维菌素（锐普美卷）、阿维菌素、茚虫威、氟啶脲、高效氯氰菊酯、高效氯氟氰菊酯、苏云金杆菌、灭幼脲、印楝素、鱼藤酮等防治。小菜蛾可采用甲氨基阿维菌素（锐普美卷）、氯虫苯甲酰胺、茚虫威、虫螨腈、阿维菌素、多杀霉素、氟啶脲、丁醚脲、氟铃脲等防治。斑潜蝇可采用阿维菌素、灭蝇胺、阿维·高氯、阿维·啶虫脒等防治。

刺吸式口器害虫主要有蚜虫、白粉虱、烟粉虱、蓟马等。这类害虫除了通过吸取汁液对植物造成损伤外，还分泌蜜露引发煤污病。此外，还可以传播各种植物病毒，严重时造成毁灭性损失。蚜虫可采用高效氯氰菊酯、高效氯氟氰菊酯、吡虫啉、啶虫脒、苦参碱等防治。白粉虱可采用噻虫嗪、呋虫胺、吡虫啉、啶虫脒、联苯菊酯等防治。蓟马可采用多杀霉素、联苯·虫螨腈、虫螨腈、乙基多杀菌素等防治。

2.3.3 农药减量技术

农药能够预防和消灭蔬菜病虫害，对农业生产过程中的产量和质量保障起重要作用。包括传统农药替代和绿色防控在内相关措施的深入推进，直接关系到蔬菜产品的安全，能够有效推动贵州蔬菜绿色种植的发展。在全面掌握贵州病虫害发生及其防治规律和深入分析相关解决方案的基础上，探索相关技术的配套和集成，是贵州优质蔬菜产业持续健康发展的重要支撑。

2.3.3.1 传统农药替代

（1）生物源农药概述。虽然国内外加强了对传统农药有效性的研究，如 Belbin 等首次发现植物生物钟调节草甘膦的有效性，并提出农业上的时间治疗学概念，证明草甘膦的除草效果取决于喷洒的时间，但是目前相关科研产出仍然很少，且传统农药本身的危害问题仍需要从长远解决，生物源农药应运而生。生物源农药根据其来源，大致可分为植物农药、微生物农药（细菌、真菌、病毒）和抗生素农药等。

①植物农药。植物农药是一类重要生物源农药，成分源于植物对病虫害的有效成分，包括除虫菊酯、鱼藤酮、烟碱等。目前，云南已有"除虫菊＋果园"和"除虫菊＋菜园"等套种模式；除虫菊是世界上唯一集约化种植的植物源杀虫剂，其能产生的除虫菊酯在直接报警蚜虫的同时，能够吸引天敌瓢虫来驱避蚜虫。

②细菌性生物源农药。目前，主要使用的细菌性微生物农药有 30 余种，其中包括苏云金杆菌在内的 10 余种细菌用于鳞翅目、线虫等虫害的防治，以及包括枯草芽孢杆菌在内的 10 余种细菌用于大宗农作物各生长期多种病害的防治。目前越来越多的新型细菌性生物源农药陆续出现，如光合细菌。光合细菌不仅能够利用其产生的抗细菌和病毒物质，形成对病

害的防御，还具有降解农药的作用，尤其是有机磷农药。大量研究表明，光合细菌能够通过内酯酶催化作用，将农药中的酯类物质降解，从而降低化学农药毒性威胁。

③真菌性生物源农药。目前，有关真菌性生物源农药的研究主要围绕其作用机理和应用研究方面。多种真菌性生物源农药的防治功能不断被挖掘，如木霉菌能够通过拮抗和促生作用防治多种病原菌引起的土传病害，包括假单胞菌和茄青枯病菌等细菌，轮枝孢菌、核盘菌以及炭疽菌等真菌，以及烟草花叶病毒等；在此基础上，近年来还发现其对地上果实和叶片均具有防治作用。最新研究表明，柑橘属中的木霉菌可产生 $\beta-1，3-$ 葡聚糖酶降解疫霉菌的细胞壁，从而防止根腐病发生；该外源基因的转化材料可用于生产上的砧木，进而解决柑橘易感根腐病的产业难题。

④病毒性生物源农药。近年来，越来越多的研究围绕病毒性生物源农药对农业害虫的特异性作用展开。目前，我国主要使用的病毒性生物源农药包括棉铃虫核型多角体病毒、甘蓝夜蛾型多角体病毒、甜菜夜蛾型多角体病毒、苜蓿银纹夜蛾核型多角体病毒、斜纹夜蛾核型多角体病毒、小菜蛾颗粒体病毒、松毛虫质型多角体病毒、茶尺蠖核型多角体病毒、菜青虫颗粒体病毒等。以甜菜夜蛾核型多角体病毒为例，其作为甜菜夜蛾寄主的专一性病毒，不同株系的致病力有所差异；为了提高防治效率，研究者筛选了部分甜菜夜蛾核型多角体病毒增效剂的使用浓度；从综合防控角度，大量研究针对其施用对天敌寄生蜂的影响展开，普遍发现使用甜菜夜蛾核型多角体病毒对大部分寄生蜂无明显影响，也有研究证明病毒浓度和侵染间隔频率可能产生一定影响。

⑤抗生素农药。目前主要使用的抗生素农药有39种，其中包括武夷菌素、中生菌素在内的生物杀菌剂33种，包括浏阳霉素、华光霉素、杀螨素3种生物杀螨剂，一种生物除草剂（双丙氨膦）、一种生物杀虫剂（浏阳霉素）以及一种生物杀虫杀螨剂（阿维菌素）。近年来，有关杀菌剂、杀螨剂以及除草剂的研究较少，杀虫剂的应用多以高效半合成制剂为主。甲氨基阿维菌素苯甲酸盐对包括鳞翅目害虫在内的多种害虫有杀灭作用，施用浓度和作用时间对其效果有直接影响；与甜菜夜蛾核型多角体病毒不同，国外研究表明，其施用过程中，在杀死鳞翅目害虫的同时，对赤

眼蜂科天敌昆虫的存活和繁殖也产生影响。

（2）生物源农药应用。生物源农药的应用是化学农药减量和替代的关键，在蔬菜绿色生产中起到重要作用；合理使用和搭配真菌、细菌等生物源农药解决危害严重的蔬菜病虫害问题已成为目前热点，如辣椒疫病除应用化学农药、采取农艺措施和选育抗病品种等防治方法以外，目前已发现部分真菌类微生物（曲霉菌、毛壳菌和木霉等）、细菌类微生物（芽孢杆菌属、假单孢菌和海洋细菌等）、放线菌类微生物（生防链霉菌和内生链霉菌等），以及植物源类物质（除虫菊酯、鱼藤酮、烟碱、山苍子精油、肉桂精油和大蒜素等）。目前很多报道证明植物源农药对辣椒疫霉具有显著作用，且毒性低、污染小。但植物源农药的制作过程存在一定的提取难度，活性成分欠稳定。单独使用一种生物源农药防治辣椒疫病，其稳定性较差，且防治效果偏低。大量研究表明，需综合考量不同生物源农药间的联合协同作用，采用混合接种的办法提高防控效果。

2.3.3.2 绿色防控技术

（1）天敌防治。在国家农药减量控害相关政策的引导下，除农药替代对策，越来越多的单项技术措施也随之出现，如采用天敌防治。天敌生物种类很多，主要包括昆虫纲和蛛形纲两大类：昆虫纲中膜翅目数量种类最多，包括拟澳洲赤眼蜂、松毛虫赤眼蜂、草蛉黑卵蜂等在内共计356种，鞘翅目也达到190种，包括青翅隐翅虫、龟纹瓢虫、异色瓢虫等，双翅目包括长扁食蚜蝇、梯斑黑食蚜蝇、黑带食蚜蝇等90种，以及半翅目小花蝽、三色长蝽、大眼蝉长蝽等80种；蛛形纲中主要以蛛形目为主，包括草间小黑蛛、八斑球腹蛛、日本球腹蛛等在内共计314种，以及包括拟长刺钝绥螨、食蚜绒螨、食卵赤螨等在内的蜱螨目24种。目前，关于天敌行为生理以及分子生物学领域的研究有很多。最新研究证实了棉花盲蝽对其他害虫的捕食作用以及盲蝽与其他食叶性害虫之间的竞争关系，进而揭示了由盲蝽发生加重导致的Bt棉田害虫种群地位演替新机制。当盲蝽密度超过经济阈值时，应作为作物害虫进行防治；当发生密度低于经济阈值时，可作为害虫天敌予以利用。

（2）绿色防控。目前普遍采用的方法包括抗病虫品种鉴定与利用技术、种子处理技术、灯光诱杀技术、性信息素诱杀技术、送嫁药技术、环保型农药助剂减量增效技术、植物免疫诱抗剂应用技术等。以上技术通常与精准施药相结合，达到减量增效的目的。为了提高农药利用率，降低施药安全隐患，先进植保机械防控技术被广泛推广，如飞防无人机植保作业。目前出现的新技术效果显著，如浮萍绿色控草技术。另外，充分利用生态系统，建立绿色防控体系，是减药增效的有效途径。开发利用植物系统（蜜源植物、储蓄植物、栖境植物、诱集植物、指示植物、防卫植物）；开发利用动物系统（天敌昆虫、水产养殖、家禽养殖）。蔬菜病虫害绿色防控技术往往是以利用生物源农药替代传统化学农药为基础，结合多种生防措施进行的，以下为各地在辣椒种植中采取的绿色防控措施供借鉴。

①江苏省南京市设施大棚内采用生态调控措施和物理防治措施相结合的方法，有机融合有色地膜防虫、黄板诱杀、天敌防治、植株修剪、防虫网育苗、趋避植物套作等技术，研发一套完善的绿色防控技术。此技术成效显著，防治率高，产量高，很大程度上减少了化学农药的施用。试验结果表明，春茬辣椒绿色防控区辣椒产量比常规防治区增加 17.5%，亩净收益增加 2 760 元、增幅为 48.4%，且生产的辣椒质量好，无食品安全问题。

②河北省唐山市丰南区应用生物菌剂进行土壤改良，改善土壤团粒结构和微生物环境，解决辣椒土传病害引起的连作障碍。"天蚕宝"生物菌剂富含土壤有益菌群，作为基肥施用，改善土壤微生物环境，提高养分吸收效果；"腐美利海藻液"含有氨基酸等生物活性成分，作为追肥施用，提高作物抗逆性，促进生长发育；使用植物免疫诱抗剂"阿泰灵"防治作物病害具有光谱性，防治效果显著。

③贵州省麻江县选用多种生物源农药对辣椒病虫害进行防控。在定植前和缓苗后，用 10% 的 83 增抗剂乳剂防治病毒病；用 72% 的农用硫酸链霉素可溶性粉剂防治细菌性病害；用 1% 的武夷霉素水剂防治灰霉病、炭疽等；用 Bt 乳剂防治棉铃虫；用阿维菌素乳油防治斑潜蝇和粉虱。

2.4　蔬菜种植光照调控

对于蔬菜来说，多数蔬菜的光饱和点在 3 万～6 万勒克斯，即在栽培中需 3 万勒克斯以上的光照度，才能维持其正常生长发育；如茄子为 4 万～5 万勒克斯，而辣椒、菜豆这样喜中、弱光的蔬菜，光饱和点为 3 万～4 万勒克斯。从光饱和点开始，随着光照度的下降，光合作用逐步降低，尤其在光照度降低至 3 万勒克斯以下时，光合作用呈显著下降趋势，影响产量。光照条件直接影响蔬菜的生长发育、产量和品质。尤其是阴雨天气，或光照时数少、光照度低的季节，极易导致光照不足，不仅不能进行较为旺盛的光合作用，蒸腾作用也减少，植株生长纤弱，影响蔬菜的产量与品质。因此，不论是露地或大棚种植，采取一些有效的措施改善光照条件，使蔬菜接受适当的阳光照射是很有必要的。

2.4.1 田间植株整理

不论是露地或大棚种植，植株整理对株间和植株内部的光照分配有直接的影响。及时进行整枝、打杈、绑蔓、修叶等田间管理，有利于改善通风透光条件，减少遮阳。

2.4.1.1 整枝原则

（1）去除徒长枝蔓。对于生长势头过强、生长节间细长、不结果的徒长枝要及时去除，减少植株郁闭；对于有生长空间、生长势不是很强的徒长枝，可采取扭枝的方式，抑制其生长势。

（2）适当疏除幼嫩枝蔓。保留适量的粗壮枝蔓可以提高蔬菜的结果能力。但若幼嫩枝蔓留得太多，会出现争光、争空间、争养分的矛盾，以至于多数枝蔓生长细弱，结果能力和结果质量反而下降。

（3）及时摘除病叶、老化叶。蔬菜露地栽培和设施栽培中，常因水肥条件供给充足，在适宜气候环境下生长过旺，植株过于茂盛。此时如不及时摘除老化叶和病叶，极易导致病害滋生，养分过量消耗。此部分叶片需及时摘掉，彻底清理出田块，对于病叶还应集中烧掉，阻断病害蔓延。

2.4.1.2 整枝时间

蔬菜整枝打杈应选择合适的时间，尤其是棚室蔬菜生产中，如忽视棚室内的湿度条件，在湿度很大时进行，极易造成病害多发，尤其是细菌性病害。

（1）整枝打杈要避免在早晨湿气较大时进行。一般情况下，9：00 以前棚室尚未通风，湿度较大。若此时整枝打杈，伤口难以干燥，易感染细菌性病害。因此，整枝打杈最好在上午棚室通风后进行，或露地露水蒸发后进行。

（2）整枝打杈要避免在阴雨天进行。阴雨天棚室内湿度长时间居高不下，最易造成细菌性病害的流行。若在此时整枝打杈，留下的伤口极易染病。因此，在为蔬菜整枝打杈时一定要选择晴好天气。

（3）整枝打杈要避免在浇水后立即进行。浇水后 1～2 天，田间湿度通常较大，此时也不利于整枝打杈，最好在浇水 3 天后棚室内较干燥时进行。另外，还要注意在进行整枝打杈前，喷施一遍保护性杀菌剂，如72％的农用链霉素 3 000 倍液、75％的百菌清 600 倍液混合琥胶肥酸铜（DT）500 倍液等，可有效防止病害暴发，做到防患于未然。

2.4.1.3　整枝方法

（1）辣椒整枝。在辣椒栽培方面，科学合理的整枝打杈是易被忽视的一个环节，特别是春连秋栽培，田间栽培时间长，导致辣椒结果的中后期，枝叶纵横、田间郁闭、通风透光不良，由此引发落花、落果，并极易引起灰霉病、炭疽、软腐病、疫病等病害，造成大幅度减产减收，且商品率不高，浪费营养。

①辣椒的整枝方法。首先要摘除门椒，门椒是辣椒植株第一个分杈处结出的辣椒。若留下门椒，营养就会集中供应辣椒果实生长，造成整个植株营养生长不良。所以，门椒一定要摘除，这在增收上是一项舍一保二的措施。其次，将门椒下部的侧枝全部抹掉，有利于营养集中供应，提高养分利用率，促进果实发育；植株根系发达，生长期长，有利于高产，提高商品果率。保持植株下部良好的光照环境，提高果实的颜色质量；改善栽培环境，有助于防病。

辣椒的整枝方法主要有三干整枝法、四干整枝法、多干整枝法和不规则整枝法。

三干整枝法：按留强去弱原则，保留 3 条强的结果枝干。株型小、密植有利于早期产量，适于较大果型品种的高产优质栽培。

四干整枝法：也叫双杈整枝法。保留四门斗椒上的 4 对分枝中的一条粗壮侧枝作为结果枝。株型大小适中，兼顾了早期产量和总产量。适于大多数甜椒类和牛角椒类品种高产优质栽培。

多干整枝法：四门斗椒上长出的 8 条分枝中保留 5～6 条健壮的三级侧枝作为结果枝。植株保留茎叶较多，适于多数羊角椒类和牛角椒类品种。

不规则整枝法：侧枝长到 15 厘米左右后，将门椒下的侧枝打掉。结果中后期，根据田间的封垄及植株的结果情况，对过于密集处的侧枝进行适当疏枝。管理较省事，种植密度小，用苗少，省种。此种方法适于羊角椒类品种以及其他品种类型的早熟栽培与露地粗放栽培。

通常来讲，塑料大棚种植的春茬辣椒、植株开展的大果型品种采取四干整枝法或多干整枝法；植株低矮、开展度小的品种采取多干整枝法或不规则整枝法。春季早熟栽培辣椒和春连秋地膜覆盖栽培辣椒，应采用不规则整枝法。

②辣椒整枝的注意事项。辣椒整枝过程中宜采用剪刀或快刀将侧枝从枝干上剪掉或割掉，不要伤害茎叶，抹杈时动作要轻，避免拉断、碰断枝条或损伤叶片；要及时抹杈，不要漏抹，辣椒的侧枝生长较快，要勤抹杈，一般 3 天左右抹杈 1 次；要与防病结合进行，在整枝打杈后喷洒一次百菌清或甲基硫菌灵，保护伤口，免受病菌侵染；整枝过程中发现病果、病叶或病秆时，要及时处理。应根据种植实际情况进行辣椒整枝打杈工作，对于生长缓慢、茎秆细弱、植株偏小、栽植过稀的辣椒不宜进行整枝打杈，防止减产。此外，应注意整枝的时间、时机和位置。

第一，时间要适宜。选择晴朗、温暖的上午整枝，此段时间打杈有利于伤口愈合，减少病害发生。

第二，时机要适宜，宜早不宜迟。过迟会导致侧枝过大，造成养分浪费且木质化打杈困难。待侧枝长到 10～15 厘米长时开始抹杈。

第三，位置要适宜。要从侧枝基部 1 厘米左右将侧枝剪掉，避免伤口感染。

（2）茄子整枝。在茄子种植过程中，整枝打杈是一个重要管理手段。因为茄子是一种分枝能力特别强的作物，如果不进行整枝打杈，将会造成枝叶丛生、分枝强弱不均、分枝与果实争夺养分以及下部通风透光不畅等问题，所以整枝技术非常关键。

①茄子的整枝方法。单干整枝：在茄子分叉时，每次都保留强分枝、疏除弱分枝，通常是保留一个主枝作为结果枝。单干整枝的优势是果实成熟较早，单位地块栽培密度较大；缺点是需大量修剪，人工成本高。

双干整枝：当茄子植株出现分叉时，选择两个生长势较好的枝条保留。之后再次分枝时，只留下一个分枝用于结果。双干整枝适宜在设施栽培等养分供应充足的条件下采用，能够获得高产，但需注意后期徒长问题。

另外，还有三干整枝的方法，较为适用于早熟品种。

②茄子整枝的注意事项。首先，茄子整枝后，疏除的侧枝、侧芽、叶片等应当及时带到棚外集中处理。

其次，在整枝时，可根据结果数量适当摘除一些植株下部的黄、衰、弱的叶片，能很好地减少落花、病果、上色不良等问题的发生。

再次，茄子整枝后还要进行摘叶，应分次除去弱枝和茎部的侧枝，以及老叶和病叶，并适当删去过密的健叶、保持稀疏均匀，以利于通风透光。整个生长期修叶4～5次，防止一次修叶过多、只剩顶上几片小叶的现象。要根据品种、长势、天气、肥力等因素灵活决定摘除的叶片数量，肥力高、雨水足、分枝强的地块可以多摘叶，肥力差、干旱、分枝能力弱的品种应当适当少摘叶；生长前期比生长后期少修。

最后，在整枝时，不能用手直接掰分枝，应当用消毒后的锋利修剪刀进行修剪，以防过度撕裂伤口或被病菌感染发病。

(3) 菜豆整枝。

①当菜豆第一花序以下萌生的侧蔓长到3～4厘米长时一律掐掉。一般是基部到距离地面50厘米的侧芽，以保证主蔓健壮生长，使主蔓粗壮，促进主蔓花序开花结荚。

②菜豆第一花序以上各节初期萌生的侧枝留1片叶摘心，中后期主茎上发生的侧枝留2～3片叶摘心，使主蔓粗壮，促进主蔓花序开花结荚，以促进侧枝第一花序的形成，利用侧枝上发出的结果枝结荚。

③在菜豆第一个产量高峰期过去后，距植株顶部60～100厘米处、已

经开过花的节位还会发生侧枝，叶腋间新萌发出的侧枝也同样留 1～3 节摘心，留叶多少视密度而定，保留侧花序。

④菜豆每一花序上都有主花芽和副花芽，通常是自下而上主花芽发育、开花、结荚。在营养状况良好的情况下，每个花序的副花序再依次发育、开花、结荚。所以，主蔓爬满架（长到 15～20 节，或当主枝长到钢丝之上时）就要掐尖。这样有利于控制植株的生长，增加侧枝的数量，促进侧枝花芽分化，提高坐荚数量。

菜豆生长盛期，底部若出现通风透光不良，易引起后期落花落荚，可分次剪除下部老叶，并清除田间落叶。菜豆植株整理的注意事项与辣椒、茄子类似。

2.4.2　设施内光照管理

辣椒的生长发育对光照度有相关要求，光照时间影响较小。辣椒光饱和点为 3 万勒克斯，光补偿点为 1 500 勒克斯。若光照度过大，影响辣椒植株发育和根系生长，果实发育期会导致日烧病，如伴随干旱高温环境，则极易引发病毒病。

茄子属喜光作物，对光照度和光照时间要求较高。光饱和点为 4 万～5 万勒克斯，光补偿点为 2 000 勒克斯。在自然光照下，日照时间越长，生育越旺盛，花芽分化早，花芽质量好，开花期提前，产量高。日照时数缩短，生长发育不良，长势弱，花芽分化延迟，落花率高，果实发育不良。光照越强，植株发育越壮；光照减弱，光合能力减弱。

我国冬季光照度一般在 3 万勒克斯以下，贵州大部分地区均低于平均水平。而大棚由于结构、覆盖材料等因素的影响，光照度仅为露地的 50%～70%，有些甚至低于 50%。这与蔬菜生产发育所需的光饱和点相差甚远。大棚蔬菜光照不足是普遍存在的问题，采取合理措施改善大棚内的光照水平，对于设施蔬菜生产具有重要意义。目前，改善光照条件通常从两方面入手：一是改善保护地的透光能力，增强保护地的自然光照度；二是在冬季弱光期或光照时数较少的地区进行人工补光。

2.4.2.1　设施内光照特点及影响因素

（1）设施内光照特点。 光照时数：影响作物的光周期，即光照时数影响某些作物的花芽分化和发育。寒冷季节光照时数少。

光照强度：主要对作物光合作用有影响；可见光透光率低，光照强度弱。

光质：紫外线短波辐射强度低，红外线长波辐射强。

光照分布：光照分布不均，主要影响作物生长的整齐性。

（2）设施内光照影响因素。大棚内的光照强度与薄膜透光率、太阳高度、天气状况、大棚方位和结构材料等均有一定关系。

①大棚方位对光照的影响。方位不同，保护地覆盖物各受光面的入射角不同，建材骨架遮阳面积不同。东西延长的大棚比南北延长的大棚透光率高，但光照分布的均匀度要低些。对于东西延长的大棚来说，与大棚延长方向相同的建材，一天内的遮光部位变化较小，易形成死影，造成大棚内光照分布不均；大棚延长方向垂直的建材，在一天内的遮光部位变化较大，大棚内的光线分布总的来说是比较均匀的。

②大棚结构材料对光照的影响。结构材料的大小和形状既影响保护地的进光量，也影响保护地内光的分布。通常来说，结构材料越大、越厚，遮光面积越大；太阳高度角越小，建材遮光面积越大。此外，大棚的邻栋间隔也对光照有影响，在大棚生产季节太阳高度角较小的日子里，9：00～15：00 南栋大棚的阴影落在北栋大棚的棚面会造成遮挡。

③透明覆盖材料对大棚透光率的影响。一般因薄膜老化可减少透光20%～40%，因污染又可减少透光 15%～20%，因太阳光的反射还可损失 10%～20%，因水滴附着可损失 20%，这样透光率为入射光强的 50%左右。

④大棚内也存在着一定的光差，一般大棚南端的光强大于北端，上午东侧大于西侧，午后则相反。光照强度垂直分布规律是随高度降低而降低；水平分布规律是两侧强、中间弱。

2.4.2.2　改善保护地的透光能力

（1）改进保护地的设计。建造大棚应选择粉尘、烟尘等污染较轻的地方；建造大棚要注意选择合理的方位；建造大棚应尽量采用合理的棚面角度，减少建材的遮阳；要注意作物的合理密植，注意垄向。

（2）保持透明屋面清洁。由于附着在薄膜上的灰尘和水雾直接影响薄膜透光性，且这种影响随时间推移而不断增大，严重阻碍阳光透射，故需定期清理薄膜，尽量保持洁净，以利于透光；内表面则通过放风等措施减少结露（水珠凝结），防止光的折射，提高透光率。

2.4.2.3 覆盖材料的选择

为了使设施大棚内的光照达到较为理想的水平，应尽量采用透光率高、防尘性能好、抗老化、无水滴的覆盖材料，尤其可以选择透光率高的无滴、防雾、防尘、抗老化的优质多功能薄膜、光转换膜。

（1）普通薄膜：聚氯乙烯（PVC）农膜、聚乙烯（PE）农膜。

①PVC农膜。PVC农膜是一种聚氯乙烯农膜，PVC是聚氯乙烯英文的缩写。保温性能优越，柔软性好，适合作为大棚及中小棚的外覆盖材料，但其防尘性较差。

②PE农膜。PE农膜是一种聚乙烯农膜，PE是聚乙烯英文的缩写。质量轻、单位覆盖面积大、使用方便、透光性好、无毒。

两种不同塑料薄膜在不同光波区的透光率见表2.14。

表2.14　两种不同塑料薄膜在不同光波区的透光率

单位:％

薄膜种类	PVC农膜	PE农膜
紫外线（≤300纳米）	20	55～60
可见光（450～650纳米）	86～88	71～80
近红外线（1 500纳米）	93～94	88～91
中红外线（5 000纳米）	72	85
远红外线（9 000纳米）	40	84

（2）新型薄膜：乙烯-醋酸乙烯共聚物树脂（EVA）农膜、聚烯烃（PO）农膜。

①EVA农膜。EVA农膜是指以乙烯-醋酸乙烯共聚物树脂为主要材料的农膜产品。老化速度缓慢，有效使用期为18～24个月。EVA农膜的特点是柔软性、透光性好，保温性能优于PE农膜。

EVA农膜为新型环保型覆盖材料，有良好的防雾性和流滴性；EVA树脂的弱极性延长了棚膜无滴持效期，可达8个月以上，可减轻棚内雾气，增加棚内光照，迅速提高棚温，促进作物生长。

耐水性：密闭泡孔结构、不吸水、防潮、耐水性能良好。

耐腐蚀性：耐海水、油脂以及酸、碱等化学品的腐蚀，抗菌、无毒、无味、无污染。

保温性：隔热，保温防寒性能优异，可耐严寒和暴晒。

透光性：初始透明度高于其他薄膜，扣棚后透光率衰减缓慢。

3 种农用塑料薄膜的强度指标见表 2.15。

表 2.15   3 种农用塑料薄膜的强度指标

强度指标	PVC 农膜	EVA 农膜	PE 农膜
拉伸强度（兆帕）	19～23	18～19	＜17
伸长率（%）	250～290	517～673	493～550
直角撕裂（牛/厘米）	810～877	301～462	312～615
冲击强度（牛/平方厘米）	14.5	10.5	7.0

②PO 农膜。PO 农膜是指以聚烯烃为主要原料而制成的农用薄膜。拉伸强度高、保温性能好，能够很好地保护作物的生长。拉伸强度是指农膜在覆盖时，需要扯紧，拉伸强度不好，容易扯破，或者即使当时不会扯破，偶遇大风袭击也会对 PO 农膜造成损伤。

(3) 功能性薄膜。大棚使用的多功能棚膜主要是长寿无滴棚膜，它是在普通棚膜生产技术基础上发展起来的大棚覆盖材料。它采用物理机械性能高的 PE、EVA 树脂及功能母料制造，使用寿命长、保温性好、光学性能高、流滴性好。因此，具有较高的性价比。将表面活性剂添加到薄膜材料中，降低其与水的亲和力，促使由雾气凝聚形成的水滴沿表面流下，从而减少水滴对光照的散射损失，提高薄膜透光性。

①功能性聚氯乙烯薄膜。聚氯乙烯长寿无滴膜：有效使用期长达 8～10 个月，流滴持效期长达 4～6 个月，厚度 0.12 毫米。

聚氯乙烯长寿无滴防尘膜：在聚氯乙烯长寿无滴膜基础上，外表面增加一层防尘有机涂料，减弱薄膜表面的静电性，阻止了防雾剂向薄膜表面析出，延长了无滴持效期，进一步提高了薄膜的抗老化性。

②功能性聚乙烯薄膜。聚乙烯长寿无滴膜：使用寿命为 12～18 个

月，无滴持效期 5 个月以上，厚度 0.12 毫米，透光率较普通 PE 膜提高 10%～20%。

聚乙烯多功能复合膜：外层为防老化层（防老化剂、UV 阻隔剂），中间为保温层（IR 阻隔剂），内层为防雾层（防雾剂）。厚度 0.08～0.12 毫米，使用年限在 1 年以上，流滴性持效期 3～4 个月，保温性优于普通 PE 膜，接近 PVC 膜。室内散射光占总辐射的 50%，光照均匀；紫外线透过率低，可抑制病害发生；可广泛应用于大棚蔬菜生产。

薄型多功能聚乙烯膜：厚度 0.05 毫米，仅为普通棚膜的 40%；室内散射光比例高达 54%，作物上、下层受光均匀。因加入光氧化和热氧化稳定剂，其耐老化性远高于其他 PE 膜，有效使用年限 1.0～1.5 年；因加入红外线阻隔剂，其远红外透过率仅为普通 PE 膜的 50%，保温能力提高 1.0～4.5℃；因加入紫外线阻隔剂，其紫外线透过率低，病情指数明显下降。

（4）调光膜。不同颜色的棚膜对光谱的吸收和反射规律不同，对有色棚膜要科学选用。

①漫反射膜。漫反射膜晶状材料混入 PVC 或 PE 母料中制备而成，在室内形成均匀的散射光，能够增加光照，减少病害，保持室温平稳。其透光特性见表 2.16。

表 2.16　漫反射膜和聚氯乙烯膜的透光特性

光波区域	紫外线	可见光近红外线	中红外线	远红外线
漫反射膜	一定转光能力	87%	7%～16%	18%
聚氯乙烯膜	无	接近	36%	36%

②转光膜。转光膜由各种功能性 PE 膜中添加某种荧光化合物和介质助剂制备而成，如将紫外线（290～400 纳米）转换为红橙光（600～700 纳米），在红橙光区高出同质 PE 膜 10% 左右；阴天或晴天早晚棚温高于同质 PE 膜，晴天中午低于同质 PE 膜。

③紫色膜。紫色膜由聚乙烯长寿无滴膜＋紫或蓝染料制备而成，蓝紫光透过率提高，有利于韭菜、茴香、芹菜、莴苣和叶菜生长。

④蓝色膜。蓝色膜由转光膜＋紫或蓝染料制备而成。主要特点是保温

性能好，在弱光照射条件下，透光率高于普通膜；在强光照射条件下，透光率低于普通膜，保温性能良好。用于多种蔬菜作物覆盖，能抑制十字花科蔬菜的黑斑病菌生长，具有明显的增产和提高品质的作用。

此外，大棚膜厚度与透光度有很大的关系，同时与有效使用期也有很大的关系。有效使用期为 16～18 个月，应选购棚膜厚度为 0.08～0.10 毫米；有效使用期为 24～36 个月，应选购棚膜厚度为 0.12～0.15 毫米；连栋大棚使用的棚膜，厚度需要在 0.15 毫米以上。

2.4.2.4　人工补光技术

（1）人工补光的目的。日长补光以抑制或促进花芽分化、调节作物开花时期，即以满足作物光周期的需要为目的。用白炽灯、弧光灯、日光灯或 LED 灯等在夜晚进行人工补光，可适当补充自然光的不足，延长光照时间。

栽培补光以促进作物光合作用、促进作物生长、补充自然光照的不足为目的。

（2）人工补光对电光源的要求。光照度在 3 000 勒克斯以上；光照度具有一定的可调性；有一定的光谱组成，最好具有太阳光的连续光谱。

（3）人工补光的原则。保证照射面积：在固定光源的过程中，设置的高度需保证补光覆盖一定的有效面积，才能起到补充效果。

最大限度贴近冠层：为降低补光中光的损失，在固定光源的过程中，除注意保证有效照射面积，还应考虑最大限度地贴近冠层部分叶片。

产品器官优先补光：补光的宗旨是有利于产品器官的形成，故对于果菜类作物来讲，应加强其果实部位上下部叶片光照的补充，有效提高此部分的物质积累，快速运输到产品器官，达到高产高效的目的。

此外，在补充光照的同时，还应注意其他环境因子间的相互协调配合，以达到最佳效果。

（4）人工补光的光源。传统人工补光光源主要有白炽灯、荧光灯、高压钠灯、低压钠灯、氙灯、金属卤化物灯等。白炽灯价格便宜，但光效低、光色较差，目前只能作为一种辅助光源；使用寿命大约 1 000 小时。荧光灯作为第二代电光源价格便宜，发光效率高；可以改变荧光粉的成分，以获得所需的光谱；寿命长达 3 000 小时左右；主要缺点是功率小。

金属卤化物灯光效高、光色好、功率大，是目前高强度人工补光的主要光源；缺点是寿命短。

（5）LED 人工补光技术。 LED 是英文 Light Emitting Diode 的缩写，又称为发光二极管。LED 补光灯发光的关键是小电流驱动半导体器件发光。LED 补光灯优于其他光源之处在于设备相对安全，节约能源，寿命相对较长，耐用性好。

按照 LED 光源在大棚内的空间悬挂方式分为以下 6 个类别。实践中采取哪类补光方式主要取决于蔬菜作物生产方式、作物种类及其冠层体积及空间分布特征，需要多种专用的 LED 光源装备，LED 光源设计和配光的高自由度优势恰好能够满足这一需求。

①顶部悬挂补光。顶部悬挂补光是最早出现的补光方法，传统光源如高压钠灯、镝灯通常是采用此方法补光的，通常光源距离冠层的距离在 1.2 米以上。按照保证照射面积和最大限度贴近冠层的原则，为降低补光中光的损失，在固定光源的过程中，除注意保证有效照射面积之外，考虑最大限度贴近冠层部分叶片。该方法的优点是可充分隔绝光源（如高压钠灯）向下热量对作物的热损伤，照射面积大；通常用于大功率（几百瓦以上）光源的大棚补光。然而，这种补光方法光能衰减严重，补光效率相对较低。目前，仅有少量较大功率 LED 光源问世。

②作物行间补光。作物行间补光是将 LED 光源设计在作物相邻两个行间，对两行进行统一补光的方法。按照产品器官优先补光的原则，对于果菜类蔬菜，加强其果实部位上下部叶片光照的补充，有效提高此部分的物质积累，快速运输到产品器官，达到高产高效的目的。另外，可通过调整光源高度以适应较高的蔬菜植株不同部位补光，还可兼顾调整其散热，在补光的同时从一定程度上提高温度。

③落地垂直补光。落地垂直补光是将 LED 光源垂直安置在地面，从侧面照射作物冠层。主要优势是替代悬挂操作，设置灵活方便，倾向于下部叶取光。

④立体多层补光。立体多层补光主要在设施中应用。以立体层架栽培蔬菜时，往往会出现不同层的蔬菜受光不均匀，此时结合智能控制系统，精准调控不同层间的补光强度，达到节约能源、获得高产的效果。

2.4.2.5 反射光的利用

混铝膜、蒸汽涂铝膜、镜面反射膜，可以提高可见光反射能力，增加室内光照；阻挡热辐射散失，此外还有保温作用。

张挂反光幕，一般用镀铝聚酯膜，将宽 2 米、长 3 米的镀铝膜反光幕，挂在大棚内北侧使之垂直地面，可使地面增光 40％左右，棚温提高 3～4℃；在冬季生产时，增温补光作用明显；同时，反光幕还有避蚜作用，减少蚜虫危害，从而减少病毒病的传播。此外，在地面铺设地膜也能增加植株群体内部的光照强度，地膜铺设如 2.2.4.3 所述。

2.5 蔬菜土壤耕作

蔬菜作物生长发育所需养分大部分来源于土壤，依靠根系吸收。也就是说，没有一个良好的蔬菜根群体系，就不可能有生长发育良好的蔬菜植株，而良好的蔬菜根群体系需要有良好的土壤环境。栽培上应根据各种蔬菜作物对土壤理化性质和营养等特点，对土壤进行必要的改良，采取合理的耕作制度，以更好地满足蔬菜作物正常的生长发育。

2.5.1 土壤环境与蔬菜生育

2.5.1.1 土壤物理性质与蔬菜生育

蔬菜生育对土壤的要求：有充足而全面的营养、土质疏松、透气和透水性良好、有机质含量丰富、土壤团粒结构好、保水保肥能力强；否则，如果土壤黏重板结，透气和透水不良，有机质含量少，土壤团粒结构不好，则蔬菜根系发育不良，从而使蔬菜生长发育受到影响，造成减产。

2.5.1.2 土壤盐分浓度与蔬菜生育

土壤盐分浓度对蔬菜作物的影响，依蔬菜作物种类和土壤种类的不同而异。在各种蔬菜中，菜豆的耐盐性最差（表 2.17）。不同土壤种类中，以沙土最易出现盐分浓度危害。腐殖质壤土因其缓冲能力较强，可缓解因盐分浓度过高而出现的蔬菜作物生育障碍。土壤盐分浓度增高，除造成烧秧现象外，还对作物吸收某种营养元素产生拮抗作用，即盐分浓度过大会出现抑制作物对某种营养元素吸收，从而产生缺素症。这种缺素症其实土壤中并不缺少该种元素，而只是由于土壤盐分浓度过高造成的。

表 2.17 各种蔬菜对土壤溶液含盐量的适应性

耐盐类型	蔬菜种类	备注
耐盐弱	菜豆	土壤溶液含盐量小于 0.1%
耐盐较弱	茄果类、豆类（除菜豆、蚕豆）、大白菜、黄瓜、萝卜、大葱、莴苣、胡萝卜等	土壤溶液含盐量为 0.1%～0.2%
耐盐中等	洋葱、韭菜、大蒜、芹菜、小白菜、茴香、马铃薯、蕹菜、芥菜、蚕豆等	土壤溶液含盐量为 0.2%～0.25%
耐盐强	石刁柏、菠菜、甘蓝类、瓜类（除黄瓜）等	土壤溶液含盐量为 0.25%～0.30%

2.5.1.3 土壤酸碱度与蔬菜生育

不同蔬菜作物的耐酸碱性也不相同，但大多数蔬菜均不耐碱，其中适宜的 pH 多为 6.0～6.5。当 pH 超过 7，多数蔬菜作物生长发育不良，引起烧秧现象；但当 pH 低于 5.5，则会出现某些缺素症或元素过剩症，造成各种生理病害。表 2.18 为各种蔬菜作物生育的最适土壤 pH，供参考。

表 2.18 各种蔬菜作物生育的最适土壤 pH

pH	蔬菜种类
7.0～6.5	豌豆、菠菜、甜菜
6.5～6.0	石刁柏、菜豆、南瓜、菜花、瓠瓜、黄瓜、茼蒿、西瓜、甜玉米、芹菜、蚕豆、辣椒、番茄、茄子、韭菜、葱、大白菜、绿菜花、甜瓜、莴苣
6.5～5.5	甘蓝、牛蒡、萝卜、圆葱、胡萝卜
6.0～5.5	姜、蒜、马铃薯

2.5.1.4 土壤气体与蔬菜生育

土壤中气体主要含有氮气、氧气、二氧化碳、氩气、甲烷、乙烯、氨气、亚硝酸气、氢气、硫化氢以及一些挥发性有机酸和氨基酸等。其中，土壤中的二氧化碳气体远高于空气中，一般可达 0.1%～10%；而氧气含量却低于空气中，一般为 2%～21%。而土壤中的高二氧化碳和低氧对作物生育有严重的抑制作用。据对黄瓜光合作用的测定认为，当土壤中氧气含量低于21%时，黄瓜的净光合速率逐渐降低；但氧气浓度在15%以上时，净光合速率降低很少；而当氧气浓度在10%以下时，其净光合速率迅速下降，同时土壤中二氧化碳浓度增加，净光合速率迅速下降。同时，土壤中二氧化碳浓度增加可抑制植株根系吸水，抑制作物生育，而且高地温会增加这种抑制作用。

2.5.2 设施内土壤特点与问题

2.5.2.1 大棚土壤环境特点

大棚内的土壤温度高、湿度大、不受雨淋，同时施肥量也大，连作严重。因此，其土壤的理化性质和土壤生物状况等与露地土壤有很大不同。

（1）**土壤养分转化和有机质分解速度加快。** 大棚内的土壤温度一般全年都高于露地，再加上土壤湿度较高。所以，土壤中的微生物活动全年均较旺盛。这就加快了土壤养分转化和有机质分解速度。

（2）**肥料的利用率高。** 大棚内的土壤一般不受或较少受雨淋，土壤养分流失较少。因此，施入的肥料便于作物充分利用，从而提高了肥料的利用率。

（3）**土壤盐分浓度大。** 由于大棚内的土壤水分是由下层向表层运动，即所谓"向上型"的，又由于大棚连年过量施肥，使残留在土壤中的各种肥料盐随水分向表土积聚。因此，大棚内表土常常出现盐分浓度过高，以至于使作物生育发生障碍的现象。

（4）**土壤湿度稳定。** 大棚内的土壤湿度主要靠人工灌水来调节，而不受降雨的影响。因此，其土壤湿度相对稳定。

（5）**土壤中病原菌集聚。** 由于大棚蔬菜连作栽培十分普遍，又由于其一年四季利用，因此就导致了土壤中病原菌的大量集聚，造成土传蔬菜病害的大量发生。

（6）**土壤营养失衡。** 由于土壤中硝酸盐浓度的增高使土壤逐步酸化，从而会抑制土壤中硝化细菌的活动，这样就容易发生亚硝酸气体危害。另外，由于土壤酸化，还会增加铁、铝、锰等元素的可溶性，而降低钙、镁、钾、钼等元素的可溶性，从而诱发作物产生营养元素缺乏症或过剩症。

2.5.2.2 大棚土壤盐分危害

(1) 大棚土壤盐分问题。 设施内土壤盐分浓度极易积累，其原因主要有两方面：一是大量施肥造成的营养元素和其他盐类残根的过剩；二是园艺设施内土壤不受雨淋，且土壤水分向上升而造成的地表盐类积聚。因此，防止土壤盐分浓度危害是园艺设施土壤管理的重要方面，必须引起高度重视。

(2) 大棚土壤盐分调控。

①农业综合措施除盐。科学合理施肥，多施有机肥料，少施化学肥料，以增加土壤的缓冲能力；夏季休闲季节揭掉棚膜，利用雨水淋溶洗盐。浇水时避免小水勤浇，而应进行大水灌溉，以便使作物充分吸收土壤营养和避免土壤盐分在表层积聚。实行地膜覆盖，并在畦间走道处铺5厘米稻草或稻壳，以抑制表土积累盐分。对于盐分浓度过大的土壤，可在休闲季节进行深翻后灌大水洗盐，灌水量一般在200毫米以上。

②生物除盐。在大棚夏季高温的休闲季节，种植生长速度快、吸肥力强的苏丹草，可以吸收掉大量的土壤中氮素，起到除盐作用。据报道，种植该草后，可使0～5厘米、5～25厘米和25～30厘米3个土层分别脱盐27.0%、13.1%和30.6%。种植的草可喂牛、养鱼和作为绿肥。

③工程除盐。通常大棚内0～25厘米土层内的盐分浓度较高，而25～50厘米土层含盐量较低。因此，可根据这一特点，在土面下30厘米和60厘米处分别埋一层双层波纹有孔塑料暗管，管的间距在30厘米处为1.5米、60厘米处为6米，然后实行灌水洗盐。

④更新土壤。采用更换土壤或采用可移动组装式大棚，经过几年换建一次，以更新土壤。

2.5.2.3 大棚土壤连作障碍

(1) 大棚土壤连作问题。 大棚中常以种植一种作物为主，长期下去便出现连作障碍，使作物生长发育不良，造成减产。造成作物连作障碍的原因主要有两种：一是由于同种蔬菜作物吸收相同的土壤营养元素，这样就会造成土壤中某些营养元素的大量积累，而另一些营养元素缺乏，使土壤营养失去平衡。二是由于同种蔬菜根系分泌相同的物质，这些物质可能对某些土壤中生物起促进作用，而对另外生物起抑制作用。这样就会使一些生物大量积聚，而另一些生物大量减少，从而使土壤中生物失去平衡，尤其是病残株的多年累积，会使某些病原菌大量增加，造成大量病害发生。

(2) 大棚土壤连作调控。

①嫁接育苗。果菜类蔬菜采取以抗病的蔬菜种类或品种作砧木，以栽培品种作接穗进行嫁接育苗，如茄子嫁接防止黄萎病等土壤传染病害。

②土壤消毒。蔬菜生产上常用物理消毒和化学药剂消毒两种方法。物理消毒法主要包括两种，即蒸汽消毒法和太阳能消毒法。蒸汽消毒法需消耗大量能源和一定设备，难以大面积推广应用。太阳能消毒法是在高温的夏季休闲时，将大棚密闭起来，在土壤表面撒上碎稻草（每亩地 0.7～1.0 吨）和石灰氮（每亩 70 千克），并使之与土壤混合，作畦，向畦内灌水，盖上旧薄膜；白天土表温度可达 70℃，25 厘米深土层全天都在 50℃左右。经半个月到一个月，就可起到土壤消毒和除盐的作用。

化学药剂消毒大棚用的药剂主要有福尔马林（即 40％的甲醛溶液）、氯化苦（又名三氯硝基甲烷或硝基氯仿）、溴甲烷（又名溴代甲烷、甲基溴）。福尔马林主要用于床土消毒，使用浓度为 50～100 倍水溶液。先将床土翻松，将配好的药液均匀喷洒在地面上，每亩用配好的药液约 100 千克。喷完后再翻土一次，用塑料薄膜覆盖床面，5～7 天后撤去薄膜，再翻土 1～2 次，即可使用。用氯化苦消毒应在作物定植或播种前 10～15 天进行。具体做法是：在温室或大棚地面上每隔 30 厘米插一个深约 10 厘米的穴，注入 3～5 毫升的氯化苦，然后立即盖上薄膜，高温季节经过 5 天（春秋季节经过 7 天，冬季经过 10～15 天）之后去掉薄膜，翻耕 2～3 次，经过彻底通风才能定植作物。用溴甲烷消毒对消灭杂草种子、线虫效果也较好。溴甲烷汽化时的温度比氯化苦低，所以能够在低温时使用。大棚土壤要全面消毒，可在翻地整碎土块后，于地面上放上圆木或竹竿，上铺薄膜以便不使之漏气。将充有溴甲烷的钢瓶放在室（棚）外，瓶嘴接上软管，并引入室内膜下，打开瓶嘴，按每平方米 40 克充入溴甲烷。用溴甲烷消毒少量床土时，可将床土堆好，扣上小拱棚，床土上放一钉头朝上的带钉木板，将装有溴甲烷的小药罐放在钉子上面，从小拱棚的膜外向下按药罐，使钉子戳破罐底，溴甲烷气体便泄漏散在拱棚内，从而起到消毒的作用。为了防止气体外泄，应将拱棚四周密封好。覆盖时间冬季 7 天，其他季节 3 天左右即可。

2.5.3 土壤耕作制度

2.5.3.1 土壤轮作

同一块地上连年种植一种作物或采用一种复种形式称为连作，又叫重茬。重茬会导致减产，如发生病害、土壤养分失衡、土壤生态恶化等。因此，要实现农作物持续高产优质，必须实行轮作。轮作是指同一块地上有计划地按顺序轮种不同类型的作物和不同类型的复种形式称为轮作；轮作是用地养地相结合的一种生物学措施。

（1）轮作可均衡利用土壤中的营养元素，把用地和养地结合起来。

（2）轮作可以改变农田生态条件，改善土壤理化特性，增加生物多样性。

（3）轮作能够有效减少病虫害的重茬传播，在作物选择合理的情况下，还能够有效抑制后茬蔬菜病虫害的发生。例如，选用大蒜或洋葱作为马铃薯的前茬作物，能够有效抑制其感染晚疫病。

（4）合理轮作换茬，因食物条件恶化和寄主的减少而使那些寄生性强、寄主植物种类单一及迁移能力小的病虫大量死亡。不同蔬菜合理轮换种植，可使病原菌失去寄生或改变其生活环境，从而达到减轻或消灭病虫害的目的。如葱、蒜采收后种大白菜，可使软腐病明显减轻。腐生性不强的病原物如马铃薯晚疫病菌等，由于没有寄主植物而不能继续繁殖。如实行粮菜轮作、水旱轮作，对控制土壤传染性病害更有效。

（5）轮作可以促进土壤中对病原物有拮抗作用的微生物活动，从而抑制病原物的滋生。

2.5.3.2 蔬菜轮作原则

（1）根据病原菌特点决定轮作模式。如引发黄萎病的轮枝菌的寄主范围较广，棉花和茄科植物如马铃薯、茄子轮作，病害将越来越重，因为它们都是轮枝菌的寄主。不同病虫害在作物土壤中存活的时间不同，轮作的年限也不同。

（2）选择抗病虫害能力强的蔬菜进行轮作，如不需要或者用农药量少的蔬菜有薯蓣科（山药、芋头等）、伞形科（茴香、香菜、胡萝卜、芹菜等)、菊科(莴苣、茼蒿等)、唇形科(紫苏、薄荷等)、百合科(大蒜、大葱、韭菜等)。

(3) 利用时空差进行轮作。如豆科(豌豆、蚕豆、小豆、花生、大豆、菜豆、豇豆、扁豆、刀豆)、十字花科(白菜、甘蓝、萝卜、芜青、芥菜、油菜)选择冷凉地区、高海拔地区或春冬冷凉季节生产,不用农药或者少用农药即可生产出优质的蔬菜。

(4) 作物茬口特性的评价。作物茬口的选择关系到土壤性质、土壤生物种群,直接作用于蔬菜作物根系环境,故对后茬蔬菜的生长以及产量的形成具有重大影响,必须按照不同蔬菜的茬口特性进行合理安排。

①通常将生长期以及对肥料需求量不同的蔬菜作物进行合理配置。如种植豆类蔬菜能够提供氮肥,而叶菜类蔬菜需氮量大,在肥料供需方面,两者存在配置上的可行性。

②作为典型的固氮作物,豆科蔬菜在前期施肥充足的情况下,其根瘤菌能够提供的氮素即能满足生长需求。而且,前茬种植豆科蔬菜能够疏松土壤,故其能够为后茬蔬菜提供良好的理化环境,通常可作为许多果菜、叶菜的前茬作物。另外,还可选择在需肥量大的作物田块有计划地种植豆科绿肥,结合翻耕培肥土壤。

③块茎和块根蔬菜一般不宜连茬种植,易引发病虫害,而因其有利于土壤疏松,故可作为根系通气透水性高的蔬菜的良好前茬。

④每茬选择亲缘关系远的种类,如蔬菜可分为叶菜类、瓜类、果菜类、根菜类和豆类。可按生菜-青瓜、菜豆-白萝卜-番茄等轮作。

(5) 深根与浅根作物的轮作。根系分布不同,则吸收不同深度的泥土中的养分,如番茄-白菜轮作。

(6) 轮作禁忌。从分类学上属于同一个科的蔬菜不宜轮作,如番茄、茄子、辣椒和甜椒等属于茄科,因而不宜轮作;又如白菜、菜心、花椰菜等属于十字花科,因而不宜轮作。

2.5.3.3 特色蔬菜轮作

(1) 辣椒。较为适宜水旱轮作,南方水稻产区实行辣椒与水稻轮作制,是最理想的轮作方式。这种轮作方式水旱交替,可恶化病虫害环境条件,既可减轻辣椒病虫害,又可减轻水稻病虫害,还可改善土壤结构。由于水稻的种植需要水田，所以能大大降低辣椒遗留下的病虫害；而在种植完水稻之后，会将种植过水稻的土地进行暴晒，这样也能将水稻遗留下来的病虫害处理干净。这使得辣椒在种植过程当中很少会沾染上病虫害，同时还可以提高产量。也可依托稻田实行换土栽培：在稻田四周只种一行辣椒，初冬辣椒收获完毕后，将种植辣椒的土壤全部挑到稻田里，再重新从稻田里取土置于水田四周，来年春季再种植辣椒（也可种一季冬菜）。这种办法种辣椒，连年可获高产。因为辣椒地年年是新换的肥沃土壤，土质好；无论怎样干旱，其根系都有水分吸收，即使浇水也十分省工、方便，故易获得高产。辣椒与豆科作物轮作，适宜于只能进行旱作的土壤。

（2）茄子。土传病菌如黄萎病病菌等在土壤中成活年限较长，一般能成活4~5年，造成的危害较重。因此，不能连作，必须实行4~5年的轮作制。茄子也不宜与其他茄科蔬菜如番茄、辣椒、马铃薯进行轮作。前茬可为越冬叶菜，也可与早生甘蓝、早熟白菜、春萝卜、水萝卜、樱桃萝卜等生长期短的蔬菜套种，后茬可栽种大白菜等秋菜。露地和塑料大棚栽培茄子可与叶菜类、瓜类、豆类蔬菜轮作，与不同科作物轮作，能使病虫失去寄主或改变其生活条件，达到减轻或消灭病虫害的目的。但茄果类蔬菜栽培面积逐年扩大，轮作倒茬比较困难，露地和塑料大棚茄子栽培实行茄粮轮作切实可行，有利于控制土壤传染性病害的发生，特别对于黄萎病是行之有效的措施。

（3）豆类。含菜豆、豌豆、荷兰豆、甜脆豆、架豆等，不宜连作，轮作3年以上，前茬为秋冬菜或闲地，露地菜、水稻、玉米、花生等作物均可作前茬。春茬为春萝卜、菠菜等，后作蔬菜主要为大白菜、秋甘蓝等。

（4）大白菜。与水稻轮作，不宜连作，不宜与其他十字花科作物轮作。在轮作中，应选择收获期较早的蔬菜如茄果类；选择前茬施肥较多的蔬菜如黄瓜、西瓜；葱蒜为前作，可以减少病虫害。

（5）萝卜。秋冬萝卜茬口多以瓜类、茄果类、豆类为宜，早春萝卜为菠菜、芹菜、甘蓝、秋莴苣及胡萝卜。

2.5.3.4 蔬菜间混套作

利用不同蔬菜作物对养分需求和病虫害抗性的差异，进行合理的间、混、套作，可以减轻土壤障碍和土传病害的发生。

与其他作物套种时应注意：①选早熟、植株矮小的品种；②共生期尽早缩短，产品器官形成盛期错开；③减少套作作物之间对于温、光、水、肥的争夺，避免增加管理难度。

辣椒：不宜与茄科作物连作，与叶菜、根菜、花生等短秆作物间作。与玉米间作，因为玉米的遮阳作用，可减轻辣椒日烧病和病毒病；与黄瓜间作，有效防治辣椒炭疽。

大白菜：与韭菜或大蒜间作，可防治软腐病。与莴苣或薄荷间作，利用其产生的生物碱和挥发油，可驱避菜白蝶、菜青虫。与玉米间作，可减少白菜病毒病、白斑病、软腐病以及霜霉病的发生。

茄子：与大葱、韭菜间作，可以防治害虫。

3 | 大宗蔬菜山地栽培技术和 种植模式借鉴

3.1 山地栽培技术

3.1.1 辣椒

（1）甘肃平川。设施主栽品种为航椒、陇椒系列。早春茬通常在 11 月下旬培育幼苗，翌年 1 月移栽，3 月下旬开始采收。采用南北向大小行小高垄定植，大行距 70 厘米，小行距 50 厘米，每亩定植 2 700～3 700 株。

环境管理要点：温室高温季节昼夜放风，要采取多种措施做好通风工作。

水肥管理要点：冬春季节温室辣椒表现出缺水症状后，可以地膜下小水量灌溉，间隔半个月灌溉一次。

（2）浙江杭州。海拔 500～1 200 米山地主栽品种有小尖椒（杭椒 1 号、杭椒 12）。3 月下旬至 4 月中旬育苗，5 月中下旬至 6 月上旬移栽。采用深沟高畦，畦面铺设滴灌带，双色地膜覆盖栽培。

病虫害防治要点：强调采用银灰色地膜驱避蚜虫，利用杀虫灯、昆虫性诱剂、色板等诱杀害虫的物理防治与保护和利用天敌，使用印楝素、乙蒜素等生物农药的生物防治为主，化学防治为辅的措施。

辣椒标准化生产技术已编制技术规程，由杭州市质量技术监督局于 2018 年 4 月 30 日实施，辣椒产量提高 20％。

（3）云南昭通。海拔 1 400～2 200 米主栽云南大椒。2～3 月育苗，4 月下旬至 5 月初采用深沟高畦（丁字形栽培）方式定植，2 800～3 800 塘/亩，每塘 2 株。

水肥管理要点：采收至盛果期，以促枝攻果为主，一般每亩施追肥

1～3次，同时进行根外叶面追肥1～2次。花期和果实膨大期采用0.3％磷酸二氢钾、0.2％硼砂溶液进行叶面喷施。

(4) 重庆。地处海拔800～1 500米的中高山地区，辣椒栽培品种主要包括薄皮灯笼椒和线椒两种类型。3月中下旬至4月上中旬育苗，4月下旬至5月中下旬采用深沟高厢定植。

(5) 陕西安康。54.2％的土壤硒含量达到中硒（0.2毫克/千克）以上水平，实施富硒辣椒种植，从各环节实行规范化生产。把握关键技术环节，早春温度过低，7～8月高温、干旱，栽植过密、光照不足，氮肥过多枝叶徒长，都容易引起落花落果。除加强肥水管理外，可用2，4 - D、防落素，减少落花落果。

(6) 贵州贵阳。花溪辣椒属于一年生辣椒中的小羊角椒类型。选择土壤肥沃、排水良好的地块，种植前应结合翻耕松土、晒土，消灭潜藏病原微生物及虫卵。春季结合整地作畦施入农家肥和速效肥，地膜覆盖保温保水。采用宽窄行种植，于植株第八片真叶时移栽。移栽前施足起苗水，带土定植，注意幼苗子叶方向与行向保持垂直角度，以利于后期透光。

(7) 陕西渭北。主栽线辣椒。关键技术环节中，移栽期的"四带"处理为辣椒苗移栽前3～5天喷1次0.4％的磷酸二氢钾、0.6％的尿素、0.1％的硫酸钾和1：1：200倍的波尔多液混合液。移植前2天，每床撒施0.3千克尿素，浇1次透水，使辣椒苗"带肥、带药、带水、带土"定植。

(8) 甘肃武威。早在20世纪末将传统的平作撒播、大水漫灌的栽培方式改为垄作覆地膜栽培，起到提高产量、预防疫病的作用。

(9) 新疆沙湾。这里被誉为我国的辣椒之乡，由当地农产品质量安全检验检测中心编制的育苗移栽规范化技术被普遍采用，利用岐椒981系列、改良2003、陕椒2003等品种，在种子处理、苗床准备、适期适量播种、播后管理、定植移栽等方面的关键技术均有详细记录，并对苗期极易出现的"戴帽苗""高脚苗"现象作出分析，提出防范措施。

(10) 江苏。早在20世纪末江苏省农业科学院蔬菜研究所就对大棚辣椒温、光管理指标及其调控技术、测土配方施肥技术以及节水灌溉技术作出规范化设计，初步解决了我国塑料大棚辣椒的温、光、肥、水管理缺乏明确指标，常凭经验操作，较难达到高产、稳产和高效益的问题，相关配套技术取得省工、节本、高效益的效果。

（11）山东寿光。较为系统的日光温室辣椒规范化栽培技术由山东寿光编制完成，从品种选择、茬口安排、育苗、定植及其管理、采摘几个方面较为全面地进行介绍。

3.1.2 菜豆

（1）浙江丽水。丽水市农业科学研究院针对丽芸 2 号研发轻简化栽培技术，从整地施肥、播种、田间管理和病害防控几个方面进行编制。其中，根据高海拔气候特点进行长季节栽培，着重把握营养临界期追肥技术和打顶摘叶的株势调控技术。病害防治方面，采取物理防治和化学防治相结合的方法，如采用色板、引诱剂和太阳能杀虫灯诱杀害虫；利用超低量静电喷雾器、热力烟雾机等植保机械，添加有机硅等农药助剂，提高药剂效果，减少农药残留。

（2）安徽岳西。根据不同海拔确定播种时期：海拔 800 米以上山地于6 月上旬播种，海拔 700～800 米山地于 6 月中旬播种，海拔 500～700 米山地于 6 月下旬播种。

高山菜豆在施足基肥的基础上，应掌握"花前少施，花后适施，荚期重施"的施肥原则；菜豆水分管理应掌握"干花湿荚"的原则。

（3）贵州大方、毕节、龙里等。不同海拔地区秋菜豆的种植情况见表 3.1。海拔高的地区，冬季气温低，越冬病虫、卵死亡率高，夏季温度相对较低，气候凉爽，豆荚螟、豆野螟等虫害较少，有利于无公害栽培。

表 3.1 贵州无公害秋菜豆栽培区域分布

适宜区域	海拔分布（米）	7 月均温（℃）
最适宜区	1 800～2 200	16.0～18.0
适宜区	1 400～1 800	18.0～20.0
次适宜区	1 200～1 400	20.0～21.0

（4）浙江磐安。采用锐劲特、高效氯氟氰菊酯、杜邦安打、奥绿一号（苜蓿银纹夜蛾核型多角体病毒）和乐斯本对豆野螟防治效果较为理想，

可在确保安全间隔期的前提下交替施用。

（5）**湖北长阳**。开展豆野螟生物防治措施，即在老熟幼虫入土前、田间湿度高时，每亩撒施 1.5 千克白僵菌粉剂与 4.5 千克细土混合，可以减少化蛹幼虫数量；产卵始盛期释放赤眼蜂或用 Bt 乳剂 1 000 倍液防治。豆野螟对黑光灯敏感，故设黑光灯或太阳能频振式杀虫灯诱杀。

（6）**浙江临安**。设施环境管理以棚温管理为主，春季早期、秋季后期遇低温及时封闭，保持夜间棚内温度不低于 10℃；夏季及时开边膜通风，保持棚内温度不高于 28℃。进入开花结荚期，通常以白天温度保持在 25～28℃、夜间 15～20℃为宜，相对湿度控制在 80％。

（7）**河北承德**。采用甲醛浸种、温水浸种和药剂拌种等方式对种子进行处理；在无新架材的情况下，利用 50％代森铵水剂 800 倍液对旧架材进行消毒；喷施百菌清或甲基硫菌灵等药剂防治。

（8）**浙江台州**。利用拱形架引蔓，不仅能够强化拱杆强度，并且能扩大枝叶的延伸，利用茎叶的遮蔽作用保护豆荚生长，田间操作也更加便捷。拱形架搭建模式为：拱形架宽 1.8 米、顶高 1.7～1.8 米，拱杆下部入土 20～30 厘米，间距 50～55 厘米；横杆用小竹竿或小木棍，顶部 1 道，两边腰部各 2 道；拱形架两边每隔 4～5 道拱杆设木立柱，立柱上部与拱杆及下道横杆相固定。相邻拱架间隔 20～25 厘米。

（9）**浙江天台**。研发与高山菜豆的栽培季节特性相适宜的人字架与平棚架相结合的搭架方式，既能够延长爬蔓期和采收期，节省人工，防止植株早衰，促进产量提高，又能够利用在平棚形成的遮阳减少棚下水分蒸发，防止植株老化，提高产品质量和品质。

菜豆山地栽培技术见表 3.2。

表 3.2 菜豆山地栽培技术

地区分布	主栽品种	播种期	关键技术
浙江丽水	丽芸 2 号	5 月	新型肥料 轻简化技术
安徽岳西	浙芸 1 号、杭州黑子架豆、上海长箕菜豆	海拔 500～700 米山地：6 月下旬 海拔 700～800 米山地：6 月中旬 海拔 800 米以上山地：6 月上旬	播期选择 肥水管理

（续）

地区分布	主栽品种	播种期	关键技术
贵州大方、毕节、龙里	贵阳青棒豆、贵阳白棒豆、大方青棒豆	海拔 1 200～1 400 米地区：6 月 25 至 7 月 5 日 海拔 1 400～1 800 米地区：6 月 15～25 日 海拔 1 800～2 200 米地区：6 月 5～15 日	秋菜豆适宜区划分
浙江磐安	红花长蔓四季豆	5 月	豆野螟药剂筛选
四川达州	多花菜豆	海拔 1 000 米以上地块，4 月中下旬播种	田间管理
湖北长阳	超长菜豆、碧丰、特嫩 1 号、双丰 1 号、红花架豆	海拔 500 米以下：2 月下旬至 3 月上旬 海拔 800～1 400 米：5 月下旬至 6 月上旬	豆野螟绿色防控措施
浙江临安	浙芸 3 号	春播：3 月底至 4 月初 秋播：7 月中下旬	设施栽培
河北承德	达旺六号、华玉三号、中杂芸 15、中杂芸 16	—	炭疽防治
福建松溪	泰国四季豆、泰国 1 号玉豆、意大利白珍珠架豆王	海拔 500～600 米山地：7 月 海拔 600～700 米山地：6 月	反季节栽培
浙江台州	银湖 8 号	海拔 700 米山地：4 月底至 5 月上中旬	拱形架引蔓
浙江天台	黑珍珠、白珍珠、红花白荚、绿龙架豆	5 月上旬至 7 月上中旬	人字架与平棚架相结合的搭架方式

3.1.3 大白菜

（1）贵州。贵州省园艺研究所根据不同海拔地区气候特点选择适宜品种，并制定大白菜反季节栽培策略。海拔 550 米以下，于 1 月中下旬至 1 月底小拱棚播种育苗，2 月底至 3 月上旬深窝地膜覆盖定植，4 月中上旬开始采收。此后，随海拔升高延后播种移栽期，并采用多层覆盖措施。

海拔 2 100～2 300 米，于 4 月初至 4 月中上旬小拱棚加大棚播种育苗，5 月初至 5 月中上旬深窝地膜覆盖定植，6 月初开始采收。

（2）陕西太白。首先，筛选适宜大白菜漂浮盘育苗营养液配方（硝酸钙 707 毫克/升，硝酸钾 140 毫克/升，硝酸铵 134 毫克/升，磷酸二氢钾 169 毫克/升，硫酸钾 20 毫克/升，硫酸镁 243 毫克/升），微量元素配方（乙二胺四乙酸二钠铁 30 毫克/升，硼酸 2.86 毫克/升，硫酸锰 2.13 毫克/升，硫酸锌 0.22 毫克/升，硫酸铜 0.08 毫克/升，钼酸铵 0.02 毫克/升）；其次，采用当地腐殖质土与商品基质按 1∶1 比例混合，作为育苗基质效果良好；另外，一定浓度的硫酸铜、硫酸铝以及鲜松针和鲜柏树叶对绿藻有抑制作用。

（3）四川绵阳。四川省绵阳市农业科学研究院研发在海拔 1 500～3 000 米山地的大白菜绿色栽培技术。该技术要点在于病虫害防治方面：物理防治方面，采用黄板、频振式杀虫灯、性引诱剂或银灰地膜覆盖驱避蚜虫；生物防治方面，大白菜软腐病在发病初期用农用链霉素喷雾或灌根防治；用草木灰防治根蛆；利用苦参碱喷施或瓢虫、赤眼蜂等天敌防治蚜虫；利用大蒜汁液、苦参碱或植物源除虫菊素，以及金小蜂、赤眼蜂、黄绒茧蜂等防治菜青虫；使用 S-诱抗素提高植株抗逆性。

（4）湖北长阳。在分析日韩大白菜抗病性和耐寒性特点的基础上，推荐国内适宜高山种植的抗根肿病品种吉祥如意和根抗 518。由于根肿病菌能够在土壤中存活 6 年以上，因此选择生物制剂 NBF-926、氰氨化钙对土壤消毒。

根据不同海拔制定复种制度：

400～800 米海拔地区：春白菜-夏菜豆-秋白菜-冬马铃薯、黄瓜（菜豆）-大白菜、大白菜-甘薯、黄瓜-夏白菜-菜豆。

800～1 200 米海拔地区：大白菜-甜玉米（菜豆、番茄）、马铃薯-黄瓜-大白菜、大白菜-西瓜-红萝卜、大蒜-大白菜-莴苣。

1 200～1 800 米海拔地区：大白菜-大白菜（萝卜、甘蓝）。

（5）四川理县。通过对本地高山主栽品种进行根肿病抗性评价，鉴定德高盈光和彩云 117 为高抗品种；从不同药剂处理筛选农割和福帅得悬浮剂对根肿病防治效果最佳。

（6）贵州绥阳。 通过对不同品种大白菜在本地种植的产品性状评价，筛选适宜绥阳海拔 1 200 米左右冷凉地区夏秋栽培品种，夏季山村表现最佳。

（7）冀北坝上。 在海拔 1 000 米以上冷凉地区采用综合绿色防控技术：

农业防治方面，菜地周围种植玉米或高秆作物屏障，防止蚜虫迁入。

物理防治方面，安装黄板诱杀蚜虫，杀虫灯和诱捕器诱杀小菜蛾，花精香诱蝶板诱捕白粉蝶，频振式杀虫灯或黑光灯诱杀甜菜夜蛾。

生物防治方面，利用小菜蛾颗粒体病毒、Bt 溶液、苦参碱、多杀霉素等防治多种害虫。

（8）河北张家口。 在海拔 1 376 米高山冷凉区，根据大白菜耗水规律进行膜下滴灌，以达到节水的目的；证明与常规滴灌相比，膜下滴灌对大白菜生长势具有促进作用，并直接提高产量，对于山地节水灌溉技术具有借鉴意义。

大白菜山地栽培技术见表 3.3。

表 3.3 大白菜山地栽培技术

地区分布	主栽品种	播种期	关键技术
贵州	韩国强势、黔白 5 号、韩国四季王、日本春黄白、小杂 55	海拔 550 米以下：1 月中下旬至 1 月底 海拔 2 100～2 300 米：4 月初至 4 月中上旬	反季节栽培
陕西太白	金冠		漂浮盘育苗
四川绵阳	抗病、耐热性强、不易开花抽薹的品种	5 月下旬至 6 月中旬	绿色栽培技术
湖北长阳	吉祥如意、根抗 518	海拔 800～1 200 米：3 月中旬至 5 月上旬 海拔 1 200～1 800 米：4 月中下旬至 8 月中旬 海拔 1 800 米以上：5 月上中旬至 7 月中下旬	品种抗性耕作制度

（续）

地区分布	主栽品种	播种期	关键技术
四川理县	强势、强春、凤凰卫士、健春、山地王 2 号、德高盈光、彩云 117		品种抗性 药剂筛选
贵州绥阳	鲁星春王、石绿 80、鲁星三级含笑、菊锦、夏季山村、春王、四季王	4 月 21 日	反季节栽培引种
河北张家口	CR 鼎盛	5 月 17 日	节水灌溉

3.1.4 萝卜

（1）贵州西部及中部的高海拔山区。选择白光、热白萝卜、热抗 48、夏速生、春城 1 号长白萝卜、丰翘等丰产高抗品种，从播种、间苗、中耕除草、整地开厢、肥水管理、病虫害防治以及采收等技术环节进行规范化处理，总结适用于贵州高原地区夏秋萝卜的无公害栽培技术；施肥环节强调严禁使用硝态氮肥，尿素施用量不超过 30 千克/亩。

（2）贵州六盘水。针对韩国中熟萝卜一代杂种白雪龙，从地块选择、整地施肥、种子处理、田间管理几个角度阐述绿色种植过程；强调底肥与生物菌剂（紫孢菌、球孢白僵菌和枯草芽孢杆菌）结合施用，以及在黑斑病发病初期采用氨基寡糖素或芸苔·吲乙·赤霉酸＋多抗霉素喷施，以达到绿色防控的目的。

（3）湖北恩施。在海拔 1 600 米山地，设置不同氮肥施用量处理，从萝卜生物量、品质和肥料利用率几个方面进行综合分析，得出适宜的氮肥施用量为 210～270 千克/公顷。

（4）湖南桑植。在海拔 800～1 000 米的高寒山区，选择日照直射时间较短的阴凉坡地，按 80 厘米包沟开厢作畦，畦沟宽 45 厘米、畦面宽 35 厘米、畦高 30 厘米；加密点播，每畦种两行，行距 21 厘米、株距 17 厘米；以过磷酸钙、生物基肥或复合生物菌肥、硫酸钾复合肥和进口硼肥为底肥；实行与马铃薯、豆类等非十字花科轮作，安装频振式杀虫灯和黄色诱蚜板。

（5）湖北秭归。 在海拔接近 1 800 米的山地，采用有机肥＋配方肥＋中微量元素或黄腐酸液态肥＋复合肥的施肥方案，能够有效减少化肥用量，增加萝卜产量，提高萝卜的商品率。

（6）陕西太白。 在海拔接近 1 500 米的山地，萝卜越夏种植过程中最佳留苗密度为：行距 40 厘米，株距 20 厘米；以每亩施氮肥（尿素）14千克、磷肥（过磷酸钙）16 千克、钾肥（硫酸钾）10 千克，再配合 400千克有机肥效果最好。

萝卜山地栽培技术见表 3.4。

表 3.4　萝卜山地栽培技术

地区分布	主栽品种	播种期	关键技术
贵州西部及中部的高海拔山区	白光、热白萝卜、热抗 48、夏速生、春城 1 号长白萝卜、丰翘	白光 4～7 月，其余品种 5 月中旬至 7 月	夏秋萝卜无公害栽培技术
贵州六盘水	白雪龙	3 月上中旬至 9 月中下旬	绿色栽培技术
湖北恩施	早春 1 号	5 月 14 日	氮肥施用量筛选
湖南桑植	韩国白萝卜系列天鸿早春、天鸿瑞雪、天鸿雪丽等	4～7 月	反季节栽培
湖北秭归	天鸿春	6 月 14 日	化肥减量增效
陕西太白	凌翠、LB‑2011、YR 白天使、雪春宝 2 号、世友青光、青森、景福	5 月 10 日	越夏栽培技术

3.1.5　茄子

（1）贵州高海拔山区。 界定无公害秋茄子栽培的最适宜海拔为1 800～2 200 米，适宜海拔为 1 400～1 800 米；强调茄子整个生长期进行合理追肥 4～5 次，施用标准氮肥低于 20 千克/亩；采用清洁田园、合理轮作等农业措施和药剂防治相结合进行病虫害防治。

（2）安徽绩溪。 在海拔 400～800 米的地带，选择冠王 9 号、杭丰一号、引茄 1 号、农友长茄等品种，播种育苗，在 2～3 叶期分苗假植；为避免梅雨季节涝害，整地作深沟高畦，畦连沟宽 1.8 米，沟深 25～30 厘米，沟宽 30～40 厘米。

(3) 湖北宜昌。 在海拔 500～1 000 米的山区，选用极早熟品种，利用温水浸种催芽。高山种植为 1.2 米包沟开厢作畦，畦面宽 75 厘米，沟深 10～15 厘米，覆盖地膜。采用 25～30 毫克/千克番茄灵＋50％腐霉利（速克灵）可湿性粉剂 30～50 毫克/千克防落素喷花，以达到保花、提高坐果率的目的。

(4) 浙江建德。 采用劈接法进行嫁接，取 4 叶 1 心时期的接穗和砧木，砧木提前浇水，将削成楔形的接穗插入砧木接口，使两者表面完全贴合，再以嫁接夹固定。

(5) 浙江临安。 在海拔 200～400 米的露地，在茄子进入"八面风"果实生长中后期剪枝，选择晴天 10：00 前和 16：00 后或阴天进行，在"四母斗"一、二级侧枝保留 3～5 厘米剪梢。

茄子山地栽培技术见表 3.5。

表 3.5 茄子山地栽培技术

地区分布	主栽品种	播种期	关键技术
贵州高海拔山区	黔茄 3 号、苏州紫长茄、渝茄 1 号、渝茄 2 号、三月茄	海拔 1 200～1 400 米：5 月 30 日至 6 月 7 日 海拔 1 400～1 800 米：5 月 20～27 日 海拔 1 800～2 200 米：5 月 10～17 日	秋茄子无公害栽培技术
安徽绩溪	冠王 9 号、杭丰一号、引茄 1 号、农友长茄	3 月下旬至 4 月中旬	反季节栽培技术
湖北宜昌	极早熟品种	9 月下旬至 10 月下旬	低山育苗，高山定植
浙江建德	接穗：浙茄 1 号、杭茄 2010 砧木：托鲁巴姆	2 月中上旬	嫁接育苗技术
浙江临安	杭丰 1 号、杭茄 1 号、杭茄 3 号、引茄 1 号	1 月下旬至 2 月中旬	剪枝技术

3.2 山地种植模式

3.2.1 辣椒

辣椒对生长地要求不高，在我国的华北、西北、长江流域、西南大部分地区都有种植，其茬口安排也不尽相同；可基于不同时间水平，采取合理的茬口安排和轮作模式；也可基于不同空间水平，采取恰当的间套作模式。

（1）旱地栽培模式。旱地栽培模式一般是3月初开始培育辣椒苗，4月底至5月中旬移栽辣椒苗，正式种植。一般到9月20日左右进入收获季，开始采摘鲜辣椒，至10月25日左右，在霜降前后即可采摘干辣椒。

（2）大棚双茬双收栽培模式。这种模式在温度较高的南方地区，一年四季都可进行，但最好是在夏秋两个季节进行。春季栽培通常是在上年的11月前后开始育苗，辣椒幼苗的成长期大致在80天，之后进行移植，5～6月收获。夏季栽培一般在2～3月开始育苗，幼苗成长期需要60天左右，7～9月即可开始收获。秋季栽培一般在8月前后育苗，幼苗成长期1个月左右，10～11月收获。

（3）一茬多收模式。一茬多收模式的主要办法是充分利用辣椒潜伏芽可再生特性，保留当年植株，第二年给予充足水肥条件，结合合理栽培措施促进其再次开花坐果。此种模式能够极大延长辣椒生育期和采收期，提高产量。一茬多收模式通常于第一年10月中旬播种育苗，在第四片真叶出现后，分苗至钵中覆膜越冬；翌年2月中下旬定植于设施内保温栽培后，到7月中旬整形修剪以减少病虫害繁殖，有利于通气透光，利用遮阳网辅助避免高温危害；10月后结合相应保温措施越冬，来年继续采收。

另外，辣椒栽培以避免与茄果类蔬菜重茬种植为原则，普遍采取与其他作物轮作模式，尤其是粮经轮作栽培，省工、省本、高效，茬口衔接紧凑，生态互补优势显著，经济效益显著。不仅能充分利用土地，实现增产增效，还可改善土壤理化性能，减轻病虫害的发生。

（4）小麦间作辣椒栽培技术。2行小麦间作2行辣椒。小麦秋种时预留好套种行，小麦种植带宽20厘米，空白带75厘米。小麦10月10日左右播种，辣椒翌年 3 月初育苗，5 月前后移栽。小麦间作辣椒，既能增加田间的通风透光，使小麦更加抗病、稳产，又能充分发挥辣椒的增产潜力。

（5）棉花间作辣椒绿色栽培技术。 棉花、辣椒间作套种宜采用 "3-1" 式种植模式，即每个种植带 1.9～2 米，种 3 行辣椒、1 行棉花。

辣椒高效种植模式见表 3.6。

表 3.6　辣椒高效种植模式

轮作模式/茬口安排	详情	地点
早辣椒-杂交稻-秋黄瓜	早辣椒 10 月下旬播种，11 月中旬小苗移植，翌年 2 月中下旬大田移栽，4 月底 5 月初上市，6 月下旬收获完毕；杂交水稻 5 月底 6 月初播种，6 月底大田移栽，9 月底成熟，10 月初收割；秋黄瓜 9 月上旬播种，10 月上旬移栽，11 月上旬上市，12 月中旬收获完毕	江西省永丰县坑田镇
早春西瓜＋毛豆-辣椒-萝卜	西瓜于 1 月初播种育苗，2 月下旬移栽定植，5 月初采收上市；毛豆与西瓜套种，于 3 月上旬直播，5 月中旬采收上市；辣椒于 7 月中下旬播种育苗，8 月中下旬移栽定植，9 月下旬开始采收上市；白玉春萝卜于 11 月中旬直播，翌年 2 月中旬上市	江苏省盐城市阜宁县
设施早优西瓜-伏夏菜用甘薯-秋延辣椒	西瓜、菜用甘薯和辣椒具有科属远缘轮作优势，均适宜弱酸性沙壤土种植；主要病虫害种类差异大，有助于切断转主寄生或循环侵染生态链。主要养分具有差异性吸收利用特性，西瓜主要吸收利用 10～40 厘米土层内养分，氮、磷、钾吸收比为 1∶0.5∶0.7。菜用甘薯属浅根系植物，主要吸收利用 0～15 厘米耕作层养分，氮、磷、钾吸收比为 1∶0.4∶1。辣椒主根不发达，主要分布在 30 厘米土层内，氮、磷、钾吸收比为 1∶0.2∶1.4	江苏省南京市
拱棚西蓝花-辣椒	西蓝花为早春栽培，2 月上旬在温室内播种育苗，3 月上中旬定植，6 月 15 日左右上市。辣椒为夏秋栽培，5 月中旬在温室或钢架拱棚内播种育苗，7 月上中旬定植，9 月中旬开始上市至 10 月底结束	甘肃省临泽县
水稻-辣椒	当年 7 月中旬水稻播种育秧，8 月中旬插秧，11 月中旬至 12 月初收割水稻；同时，10 月中旬至翌年 1 月中旬进行辣椒育苗，11 月下旬至 12 月中旬移栽定植辣椒，翌年的 3～6 月收获辣椒	广西壮族自治区钦州市

（续）

轮作模式/茬口安排	详情	地点
拱棚辣椒-豇豆-绿叶莴苣-红叶莴苣	早春辣椒11月下旬定植，翌年3月中旬始收；豇豆5月下旬播种，8月上旬始收，9月上旬拉秧；绿叶莴苣8月上旬播种，9月上旬定植，10月中旬收获；红叶莴苣9月上旬育苗，10月上旬定植，12月上旬收获	山东省兰陵县
大棚豌豆尖-辣椒-丝瓜	豌豆尖采取大棚方式种植，10月上中旬条播，11月上旬开始采收，翌年3月中旬采收结束；辣椒在12月下旬设施育苗，翌年3月下旬定植，5月上旬开始采收，9月10日采收结束；丝瓜在2月下旬穴盘育苗，4月中旬移栽到大棚架下，6月上旬开始采收，9月中旬采收结束	江苏省南京市
大拱棚早春西瓜秋延辣椒	在栽培早春西瓜时，应在每年的1月开始栽苗，在2月末进行种植，4月末至5月初进行第一批瓜的采收，6月末进行第二批瓜的采收。在栽培秋延辣椒时，应在7月初开始育苗，7～9月初移栽，10～12月采收成熟辣椒	山东省青州市

3.2.2 菜豆

（1）湖北兴山。 在海拔800～1 300米的山地辣椒种植区套种蔓生菜豆。辣椒品种选择春秋金椒、福椒36号、海迈618、长江9号等，蔓生菜豆主要品种为红花白荚、超级架豆王、芙蓉玉豆、本地眉豆等，其中红花白荚的综合表现最佳。辣椒育苗后于5月中下旬定植于大田；蔓生菜豆在辣椒定植后进行直播，采用分批播种，最晚播种期为6月下旬，待菜豆2叶1心后，立即搭架以利于菜豆茎秆攀爬。

（2）浙江丽水。 在海拔600～1 000米的山区实行菜豆与萝卜轮作。菜豆品种选择丽芸2号、丽芸3号、浙芸5号等，萝卜品种选择韩国进口品种白玉春、白光及浙江省农业科学院育成的进口替代品种白雪春2号等。

（3）浙江江山。 在海拔250米以上的山地采用菜豆-瓠瓜套作。菜豆品种选用浙芸9号，瓠瓜品种选用浙蒲9号。菜豆4月初播种后搭架引蔓，于6月中下旬直播瓠瓜。

（4）浙江新昌。 在海拔200～400米的山区利用黄瓜架材，实行黄瓜-

菜豆套作。黄瓜品种选择津优 1 号、津优 4 号，菜豆品种选择红花青荚（浙芸 3 号）。黄瓜于 5 月 25 日至 6 月 10 日直播，7 月上旬开始采收，8 月下旬结束采收；菜豆一般在黄瓜采收前 10～15 天，即 8 月 15 日前后播种，9 月底或 10 月初开始采收，10 月底至 11 月初结束采收。

（5）浙江遂昌。采用山地菜豆-盘菜-年两熟轮作模式。菜豆品种选用丽芸 1 号、丽芸 2 号、浙芸 3 号，盘菜品种选择玉环盘菜、中樱盘菜等。

菜豆高效种植模式见表 3.7。

表 3.7　菜豆高效种植模式

套作/轮作模式	详情	地点
高山辣椒-蔓生菜豆套作模式	按照宽 80 厘米起垄，垄沟宽 0.3 米、深 0.2 米。1 垄栽 2 行，行距 50 厘米，株距 35 厘米；隔 1 垄辣椒套种 1 垄蔓生菜豆，辣椒每穴 1 株，蔓生菜豆每穴 2 株	湖北省兴山县
高山菜豆-萝卜轮作模式	菜豆于 5 月中上旬播种，7 月初始收，采收至 9 月中旬结束；萝卜在 9 月中下旬高山菜豆拉秧后播种，11 月中旬开始采收	浙江省丽水市
山地菜豆-瓠瓜套作模式	按照宽 2.2～2.6 米、深 50 厘米作畦，开 2 行穴（行距 1.6 米，株距 0.7 米）。菜豆于 4 月初直播出苗后搭建 1.6 米高的竹架小拱棚引蔓上架，于 6 月中下旬沿菜豆根系播瓠瓜种子。菜豆 6 月上旬始收、下旬采收结束，割断菜豆根中止其生长；瓠瓜 8 月下旬始收，9 月下旬采收结束	浙江省江山市
山地黄瓜-菜豆套作模式	黄瓜直播，每畦播 2 行，行距 75 厘米，株距 30 厘米，吐须时搭人字形架绑蔓；菜豆在黄瓜拉秧前 10～15 天免耕直播于黄瓜穴边 5～8 厘米处，抽蔓时直接利用黄瓜架材绑蔓	浙江省新昌县
山地菜豆-盘菜轮作模式	菜豆于 5 月上旬播种，9 月上旬结束采收；盘菜于 8 月下旬播种，9 月中下旬定植，11 月上旬采收	浙江省遂昌县

3.2.3　大白菜

（1）贵州惠水。在海拔 980 米的山地实行菜用糯玉米与春白菜套种。菜用糯玉米选用贵州省遵义市农业科学研究院选育的遵糯 4 号，春白菜选用贵州省农业科学院选育的黔白 5 号。采用穴盘育苗，春白菜 2 月上旬播种，3月上中旬定植；菜用糯玉米2月中下旬播种，3月下旬定植。

（2）贵州。 在海拔700～1400米区域内，实行春大白菜-芹菜-莴笋复种。春白菜品种选择黔白5号、黔白9号等，芹菜品种选择美国文图拉、意大利夏芹、津南实芹等，莴笋品种选择江南红太阳莴笋、碧玉圆叶莴笋、罗汉莴笋、蓉新3号、春都3号等。

（3）贵州福泉。 为了节约成本，达到增产增收效果，实行春、夏季大白菜一膜二熟栽培。选择韩春60、春秋王和鲁春白1号等生育期短、冬性强、不易抽薹的品种。

（4）贵州中部地区。 在海拔1000～1400米的西秀区、普定县、平坝县、龙里县等地区实行春大白菜-夏秋南瓜-青菜复种模式。春白菜品种选择黔白5号、黔白9号、韩国强势等，夏秋南瓜品种选择黔南瓜1号、韩国幸运99等，青菜品种为黔青4号。

（5）陕西太白。 在海拔800～1200米的山地采用大白菜-甜玉米复种模式。大白菜品种选用金健、春夏王、春大将等，甜玉米品种选择金中玉、华甜玉3号等。

（6）云南保山。 在海拔1800米以上山地冷凉地区实行大白菜-玉米间作模式。大白菜品种选择CR589、CR587、小杂55、小杂56、良庆、健春、春夏王、强势、四季王、高冷地、春黄、春宝黄、京春白、京春绿、京春99等，玉米品种选择恩单804、力单1号、西抗-18、地宠1号等。玉米直播于大白菜育苗于3～4月进行。

大白菜高效种植模式见表3.8。

表3.8 大白菜高效种植模式

耕作模式	详情	地点
高山菜用糯玉米与春白菜套作模式	高厢起垄覆膜栽培，菜用糯玉米按80厘米开厢，厢高25厘米，单行定植，株距15厘米，春白菜定植在菜用糯玉米两旁，株距10～15厘米	贵州省惠水县
春大白菜-芹菜-莴笋复种模式	大白菜于2月上旬至3月初播种育苗，3月中旬至3月底定植，4月下旬至5月中旬采收；芹菜于3月下旬至4月初播种育苗，5月下旬至6月初定植，8月中旬至8月下旬采收；莴笋于8月上旬播种育苗，9月上旬定植，12月上旬至12月中旬采收	贵州海拔700～1400米区域内

（续）

耕作模式	详情	地点
春、夏季大白菜—膜二熟栽培复种模式	采用漂浮盘育苗法，春季大白菜育苗在3月下旬进行，4月中旬移栽，6月上中旬开始采收；夏季大白菜育苗在5月下旬进行，6月中下旬移栽，8月中下旬开始采收	贵州省福泉市
春大白菜-夏秋南瓜-青菜复种模式	春白菜于2月上旬至2月底播种，播种偏早应采用大棚加小拱棚的双层覆盖育苗，偏晚则采取单层覆盖育苗，3月末定植，4月末开始采收；南瓜于5月下旬育苗，6月中下旬定植，7月下旬至9月中旬采收；青菜于9月中下旬播种，10月中下旬定植，翌年2月中旬开始采收	贵州中部地区
大白菜-甜玉米复种模式	大白菜于3月中旬播种育苗，4月上旬定植，6月采收；利用前茬地膜，大白菜收获后播种甜玉米，9月中下旬采收	湖北省房县
大白菜-玉米间作模式	采用等距式条带栽培模式，宽65～70厘米、高20厘米、沟宽25厘米的种植带，每带作3畦，每1畦玉米间隔种植2畦大白菜	云南省保山市

3.2.4　萝卜

（1）湖北恩施。 在海拔1000米的山地，实行春白菜-夏架豆-秋萝卜-冬马铃薯的复种模式。大白菜选择寒冷地、四季王、新农春王、玉春宝等品种，架豆选用西杂王、红花架豆等品种，萝卜选择浙大长、四季红萝卜、春不老、早生、天鸿春、特新白玉春、雪如意等品种，马铃薯种薯选用脱毒一、二级原种。

（2）湖北长阳。 在海拔1000米、1200米、1400米、1600米的山区，采用高山白萝卜-甜玉米套作模式。甜玉米选择金中玉品种，萝卜品种选用经典春。白萝卜于3月上中旬播种，甜玉米于白萝卜即将成熟时，6月上旬播种。

（3）浙江丽水。 在海拔600～1000米的山区，实行菜豆-萝卜轮作模式。菜豆品种选择丽芸2号、丽芸3号、浙芸5号等；萝卜选择韩国进口品种白玉春、白光及进口替代品种白雪春2号等。

（4）浙江金华。 在海拔1000米的山地北坡，实行高山萝卜-芹菜-莴笋复种模式。萝卜选用韩国进口的新白玉春，芹菜选用本地的金于夏芹，莴笋选用紫叶型品种湘株。

（5）云南大理。春萝卜在 3 月 30 日左右播种，玉米播种期一般在 4 月 20 日至 5 月 10 日。

（6）浙南高山。在海拔 800 米以上的山地，实行春马铃薯-赤皮稻-萝卜复种模式。马铃薯品种选择东农 303 等，赤皮稻选择赤峰 1 号或江南红黏粳稻品种，萝卜品种选用浙大长萝卜、南畔洲等。

（7）浙江淳安。在海拔 400～500 米的山地，利用大棚进行萝卜-黄瓜-四季豆-芹菜复种栽培。萝卜选用白玉春、春白玉等品种；四季豆选用黑子、白子、灰子四季豆、绿龙架豆等品种；芹菜选用上海黄心芹、津南实芹等品种。

萝卜高效种植模式见表 3.9。

表 3.9　萝卜高效种植模式

套作/轮作模式	详情	地点
春白菜-夏架豆-秋萝卜-冬马铃薯复种模式	3 月播种大白菜，5 月中旬收获大白菜；5 月播种夏架豆，7～8 月收获；8 月播种秋萝卜，10 月收获；11 月播种马铃薯，翌年收获	湖北省恩施土家族苗族自治州
高山白萝卜-甜玉米套作模式	白萝卜开厢起垄，株行距 14 厘米×24 厘米，包厢开沟 80 厘米，预留甜玉米种植行；白萝卜即将成熟时，在预留的甜玉米种植行起垄，株行距 30 厘米×40 厘米	湖北省长阳县
高山菜豆-萝卜轮作模式	菜豆在 5 月上中旬播种，7 月初始收，9 月中下旬采收结束；萝卜安排在高山菜豆拉秧清园后播种，一般在 9 月中下旬，11 月中旬开始采收	浙江省丽水市
高山萝卜-芹菜-莴笋复种模式	萝卜 5 月 6 日直播，7 月 10 日采收；芹菜 5 月 31 日播种，7 月 14 日定植，9 月 5 日采收；莴笋 8 月 15 日播种，9 月 9 日定植，10 月 29 日至 11 月 5 日采收	浙江省金华市
山地玉米-春萝卜套作模式	种植 2 行玉米套种 2 行春萝卜，选用 1 米地膜起垄覆膜，大行种 2 行玉米，垄宽 0.8 米，行距 0.6 米，株距 0.25 米；小行种植 2 行萝卜，行宽 0.53 米，行距 0.27 米，株距 0.27 米	云南省大理市

（续）

套作/轮作模式	详情	地点
春马铃薯-赤皮稻-萝卜	马铃薯露地栽培于 3 月中下旬播种，双膜栽培提前到 1 月下旬或 2 月上旬播种；赤皮稻 4 月中下旬播种；萝卜于 9 月下旬前播种	浙南高山区域
山地设施萝卜-黄瓜-四季豆-芹菜复种模式	春萝卜 2 月上旬播种至 4 月上旬始收，半个月左右采收完；黄瓜 4 月中旬直播至 6 月上旬始收，7 月上中旬采收完；四季豆 7 月中下旬直播至 9 月上旬始收，可采到 10 月上中旬；芹菜 9 月中旬异地育苗，10 月中下旬移植，翌年元旦始收至 2 月结束	浙江省淳安县

3.2.5　茄子

（1）**贵州低热河谷地区。**1 月平均气温达 9℃以上地区（罗甸、望谟、册亨、关岭等县以及南北盘江流域、都柳江流域、赤水河流域等），实行冬春季早熟茄子-水稻-秋冬果菜（叶菜）复种模式，品种选择黔茄 2 号、黔茄 3 号、黔茄 4 号、渝早茄 4 号等紫色或紫红色长茄。

（2）**贵州黔中地区。**实行正季茄子-秋冬菜-冬春季速生叶菜复种模式，品种选用黔茄 2 号、黔茄 3 号、黔茄 4 号、瑞丰 2 号、粤丰等紫红色或深紫红色长茄。

（3）**贵州黔北、黔西北、黔东南、黔南等地区。**实行春季叶菜、根菜（或油菜、小麦）-夏秋茄子复种模式，品种选用黔茄 4 号、瑞丰 2 号、粤丰紫红茄、贝斯特 3 号、紫龙 3 号、黑秀长茄等紫色、黑紫色或紫红色长茄品种。

（4）**浙江青田。**实行高山茄子-西芹复种模式，茄子选用浙茄 1 号、引茄 1 号、紫秋等品种。

（5）**福建屏南。**在海拔 830 米的山地，实行早春花椰菜-夏茄子复种模式。早春花椰菜选用白玉 80 天、冬春王 80 天、禾峰 80 天、富贵 80 天、立禾 80 天等品种，茄子选用先锋 2 号、润丰 2 号、红福 C101、五新山等品种。

茄子高效种植模式见表 3.10。

表 3.10 茄子高效种植模式

套作/轮作模式	详情	地点
冬春季早熟茄子-水稻-秋冬果菜（叶菜）复种模式	冬春季早熟栽培：茄子于 9 月下旬至 10 月中旬播种育苗，12 月中下旬地膜加小拱棚定植，翌年 4 月上旬至 6 月上旬采收；水稻 5 月上旬播种育秧，6 月中旬移栽，9 月上旬前收割；秋冬果菜主要为四季豆、黄瓜、南瓜、辣椒等，秋冬叶菜主要为莴苣（叶用、茎用）、白菜等	贵州低热河谷地区
正季茄子-秋冬菜-冬春季速生叶菜复种模式	春夏季正季栽培：茄子于 2 月中下旬播种育苗，4 月中下旬至 5 月上旬定植，6 月中旬至 8 月中下旬采收；秋冬菜主要栽培莴苣、白菜、萝卜、胡萝卜、南瓜、豌豆等，于 7 月下旬至 8 月中下旬育苗或直播；冬春季速生叶菜主要有菠菜、茼蒿、芫荽、苋菜等，一般于 12 月播种，翌年 2～3 月采收	贵州黔中地区
春季叶菜、根菜（或油菜、小麦）-夏秋茄子复种模式	夏秋季延后栽培：春季叶菜、根菜主要有白菜、甘蓝、萝卜等，于秋季或冬末播种；油菜、小麦于 10 月中旬至 11 月上旬播种，均于 5 月下旬采收；夏秋茄子于 5 月中旬至下旬播种育苗，6 月中下旬定植，8 月中下旬至 11 月上旬采收	贵州黔北、黔西北、黔东南、黔南等地区
高山茄子-西芹复种模式	茄子于 2 月下旬采用大棚或小拱棚播种育苗，5 月上中旬定植，6 月下旬上市，8 月中下旬采收结束；西芹于 6 月中旬育苗，8 月下旬定植，11 月下旬采收，后期如遇低温则采用小拱棚覆盖增温，12 月中旬采收	浙江省青田县
早春花椰菜-夏茄子复种模式	花椰菜在 12 月中旬至翌年 1 月中旬播种，于 4 月 20 至 5 月底采收；茄子在花椰菜收获前 40 天播种育苗，花椰菜采收后定植，6 月上旬开始采收	福建省屏南县

主要参考文献

陈俭，2020. LED 光源在设施园艺中的设计与应用探讨 [J]. 现代农业科技（8）：178.

陈可可，王天国，李岩方，2010. 山地菜豆拱形架引蔓技术 [J]. 中国蔬菜（7）：49-50.

陈乃春，李琼，万丽英，等，2020. 贵州高寒冷凉地区萝卜绿色栽培关键技术 [J]. 中国蔬菜（4）：105-106.

陈学群，滕有德，徐向上，1996. 川西南的菜豆种质资源 [J]. 西南农业学报（3）：120-124.

陈艳丽，范飞，王旭，等，2014. DA-6 对高温胁迫下黄灯笼辣椒幼苗的影响 [J]. 热带作物学报，35（9）：1795-1801.

程炳林，王惠娟，2010. 高山萝卜-芹菜-莴笋高效栽培技术 [J]. 中国蔬菜（3）：52-53.

崔德祥，王谋强，赵大芹，等，2016. 贵州大白菜品种资源特点及利用评价 [J]. 种子（5）：49-50.

丁潮洪，章根儿，张世法，等，2011. 高山蔓生菜豆长季节栽培技术 [J]. 中国蔬菜（7）：53-54.

董鹏，胡美华，王娟娟，等，2016. 云贵高原夏秋蔬菜产业现状及发展对策 [J]. 中国蔬菜（3）：1-4.

杜永珍，雷蕾，顾小平，等，1990. 西南地区菜豆品质和抗性鉴定 [J]. 西南农业学报（3）：101-103.

段全珍，2004. 发挥贵州农业比较优势大力发展特色农业 [J]. 中国农业资源与区划，25（5）：47-49.

付思娅，陈双林，闫淑珍，2013. 植物内生细菌在辣椒体内的定殖动态及对辣椒疫病的防治效果 [J]. 中国生物防治学报，29（4）：561-568.

高文瑞，徐刚，李德翠，等，2015. 外源 5-氨基乙酰丙酸（ALA）对辣椒幼苗抗冷性的影响 [J]. 西南农业学报，28（5）：2205-2208.

关晓溪，罗开莲，陈继红，等，2020. 农药减量使用视角下的贵州农业绿色发展 [J]. 中国植保导刊，40（5）：94-96、42.

关晓溪，隋常玲，陈志峰，等，2020. 遵义蔬菜产业发展实践探索与策略分析 [J]. 中国蔬菜（3）：16 - 20.

关晓溪，隋常玲，冯超阳，2020. 遵义市设施工厂化育苗高端化发展研究 ［J］. 江西农业
（175）：95 - 97.

关晓溪，隋常玲，胡海军，等，2017. 钙素调控寡照地区烟苗品质研究进展——以贵州省
为例 ［J］. 南方农业，11（27）：77 - 79.

关晓溪，隋常玲，李金红，等，2020. 生物农药防治辣椒疫病研究进展 ［J］. 农药，59
（7）：473 - 476、485.

关晓溪，隋常玲，令狐绍辉，2020. 余庆县农业产业革命现状及发展建议 ［J］. 南方农
业，14（2）：106 - 108.

郭桂文，郭成均，徐恒涛，等，2016. 烯酰吗啉与氟啶胺混剂防治辣椒疫病 ［J］. 农药，
55（8）：600 - 601.

郭国雄，龙明树，张绍刚，等，2007. 高海拔冷凉地区一年三茬高效栽培模式 ［J］. 中国
蔬菜（9）：48 - 49.

何烈干，葛艳丽，马辉刚，等，2016. 辣椒疫霉不同发育阶段对氟吗啉的敏感性研究
［J］. 中国农学通报，32（16）：123 - 131.

何玲，袁会珠，唐剑锋，等，2016. 新型杀菌剂氟醚菌酰胺对辣椒疫霉的作用机制初探
［J］. 农药学学报，18（2）：185 - 193.

赫卫，张慧，贲海燕，等，2018. 辣椒疫病抗性与形态学性状相关分析 ［J］. 北方园艺
（13）：1 - 6.

胡明文，袁远国，李英，2003. 贵州菜豆种质资源综合评估 ［J］. 贵州农业科学（2）：
30 - 33.

季文平，陈夕军，何超，等，2019. 大蒜粗提物挥发性成分分析及其对辣椒疫病的控制作
用 ［J］. 中国蔬菜（1）：57 - 64.

江冰冰，张彧，郭存武，等，2017. 韭菜和辣椒间作对辣椒疫病的防治效果及其化感机理
［J］. 植物保护学报，44（1）：145 - 151.

矫振彪，焦忠久，吴金平，等，2014. 高山萝卜地下害虫种类及发生规律 ［J］. 中国蔬菜
（9）：46 - 48.

李宏光，付亚丽，何金祥，等，2011. 烤烟漂浮育苗风化石替代草炭基质研究初报 ［J］.
西南农业学报，24（4）：1265 - 1269.

李敬蕊，杨丽文，王春燕，等，2014. γ-氨基丁酸对低氧胁迫下甜瓜幼苗抗氧化酶活性及
表达的影响 ［J］. 东北农业大学学报，45（11）：31 - 32.

李念祖，史明会，尚淼，等，2016. 高山辣椒-蔓生菜豆高效栽培模式及效益分析 ［J］.
中国蔬菜（10）：95 - 97.

李宁，郭世荣，束胜，等，2015. 外源2，4-表油菜素内酯对弱光胁迫下番茄幼苗叶片形

态及光合特性的影响 [J]. 应用生态学报，26（3）：847-852.

李秀，巩彪，徐坤，2015. 外源亚精胺对高温胁迫下生姜叶片内源激素及叶绿体超微结构的影响 [J]. 中国农业科学，48（1）：120-129.

李戌清，刘晶晶，庞叶洲，等，2019. 杭州山地茄子青枯病发生情况及重发原因分析 [J]. 中国植保导刊，9（3）：48-51.

李屹，韩睿，王丽慧，等，2015. 菊芋叶片提取物对辣椒疫霉菌的抑菌效果及盆栽验证试验 [J]. 江苏农业科学，43（1）：139-141.

刘青，李升，梁才康，等，2019. 贵州地区木霉菌分离鉴定及对辣椒疫霉的拮抗作用 [J]. 微生物学通报，46（4）：741-751.

刘庭付，丁潮洪，李汉美，等，2017. 浙西南山区高山菜豆-白萝卜高效轮作模式 [J]. 中国蔬菜（6）：96-98.

刘庭付，李汉美，马瑞芳，等，2017. 高山菜豆"丽芸2号"轻简化栽培技术 [J]. 北方园艺（20）：212-213.

刘庭付，张典勇，陈利民，等，2018. 不同新型肥料对高山菜豆生长、产量的影响 [J]. 中国瓜菜，31（11）：43-46.

刘文科，杨其长，2014. 植物工厂LED光源与光环境智能控制策略 [J]. 照明工程学报，25（4）：6-8.

罗章瑞，田山君，2019. 不同类型萝卜资源在贵州冬季栽培的综合评价 [J]. 种子，38（1）：64-68.

马瑞芳，章根儿，张典勇，2016. 菜豆新品种"丽芸2号"山地栽培技术 [J]. 北方园艺（4）：62-63.

马寿宾，孙艳，王琛，等，2013. 分子标记辅助选择辣椒抗疫病新种质研究 [J]. 北方园艺（10）：107-110.

毛东，胡建宗，肖登辉，等，2013. 遵义市蔬菜高效栽培模式及主栽品种 [J]. 中国蔬菜（11）：53-55.

梅时勇，邱正明，聂启军，2009. 萝卜新品种雪单1号及其高山栽培技术 [J]. 中国蔬菜（7）：31-32.

牟玉梅，毛妃凤，张绍刚，2020. 贵州省辣椒产业现状与发展建议 [J]. 中国蔬菜（2）：10-12.

庞强强，孙光闻，蔡兴来，等，2018. 硝酸盐胁迫下黄腐酸对小白菜活性氧代谢及相关基因表达的影响 [J]. 分子植物育种，16（17）：5812-5820.

钱旭，彭枫，李灿，2008. 贵州省坡耕地整理潜力分析 [J]. 贵州农业科学（4）：166-168.

邱添，周忠发，李昌来，等，2015. 农业资源短缺下喀斯特山区都市农业发展区划探讨——以六盘水市钟山区为例 [J]. 中国农业资源与区划，36（2）：118-124.

邵泱峰，黄海明，王小飞，等，2009. 山地茄子剪枝复壮栽培技术 [J]. 中国蔬菜（7）：43-44.

邵宇，龙明树，张绍刚，等，2010. 贵州蔬菜产业现状及发展对策 [J]. 贵州农业科学，38（3）：184-187.

宋宝安，吴剑，2015. 我国农药产业创新发展的路径思考 [J]. 农药市场信息，21（30）：28-31.

谈泰猛，黎继烈，申爱荣，等，2017. 辣椒疫病拮抗菌的分离、鉴定及其生防效果 [J]. 生态学杂志，36（4）：988-994.

汪良驹，姜卫兵，黄保健，2004. 5-氨基乙酰丙酸对弱光下甜瓜幼苗光合作用和抗冷性的促进效应 [J]. 园艺学报（3）：321-326.

王海娇，王轶楠，高飞，等，2018. 肉桂精油对辣椒疫霉菌的生物活性 [J]. 中国生物防治学报，34（3）：461-468.

王宣怀，水建国，2009. 高山蔓生菜豆再生栽培技术 [J]. 中国蔬菜（17）：45.

王轶楠，赵特，高飞，等，2018. 山苍子精油对辣椒疫霉生长发育的影响及对辣椒疫病的防效 [J]. 植物保护学报，45（5）：1112-1120.

吴旭红，冯晶旻，2017. 外源亚精胺对渗透胁迫下南瓜幼苗抗氧化酶活性等生理特性的影响 [J]. 干旱地区农业研究，35（4）：256-262.

吴旭江，吕文君，陈新洪，等，2012. 山地黄瓜套种菜豆模式的效益分析及栽培技术 [J]. 中国蔬菜（17）：60-62.

吴学平，程春涛，2013. 丽芸 1 号菜豆及山地越夏栽培 [J]. 中国蔬菜（17）：28-29.

武玉环，章彦俊，张红杰，等，2013. 辣椒疫霉菌的分离纯化及室内药剂筛选 [J]. 北方园艺（8）：138-140.

席亚东，陈国华，谢丙炎，等，2016a. 辣椒疫霉菌全球传播与危害及生物学特性研究进展 [J]. 北方园艺（11）：199-203.

席亚东，陈国华，谢丙炎，等，2016b. 不同木霉菌株对辣椒疫霉菌的防控作用 [J]. 北方园艺（21）：115-119.

谢邵文，杨芬，冯含笑，等，2019. 中国化肥农药施用总体特征及减施效果分析 [J]. 环境污染与防治，41（4）：490-495.

徐沛东，朱植银，黄加诚，等，2017. 新型生物农药棘孢木霉菌防治辣椒疫病应用研究 [J]. 生物灾害科学，40（3）：172-175.

徐心诚，2015. 外源腐胺和精胺对弱光胁迫下黄瓜叶片可溶性糖含量的影响 [J]. 江苏农业科学，43（7）：130-134.

薛春生，何瑞珏，肖淑芹，等，2017. 辽宁省辣椒疫霉菌生理小种的生物学特性及生物制剂对辣椒疫病的防效 [J]. 植物保护学报，44（4）：650-656.

严婉荣，赵廷昌，肖彤斌，等，2013. 生防细菌在植物病害防治中的应用［J］. 基因组学与应用生物学，32（4）：533-539.

杨修一，李圣会，梅宇超，等，2017. DA-6 对水培生菜生长及生理特性的影响［J］. 农业环境科学学报，36（1）：32-38.

杨宇红，茆振川，凌键，等，2017. β-氨基丁酸和茄青枯菌 hrp-突变体协同防治辣椒疫病研究［J］. 中国生物防治学报，33（4）：519-524.

殷洁，袁玲，2017. 寡雄腐霉菌剂对辣椒疫病的防治及促生效应［J］. 园艺学报，44（12）：2327-2337.

尹俊龙，钱正益，郑宇峰，等，2018. 盈江县高山大白菜根肿菌生理小种鉴定及抗源筛［J］. 中国蔬菜（8）：55-57.

尹璐璐，杨秀华，李坤，等，2007. 亚精胺预处理对黄瓜幼苗抗冷性的影响［J］. 园艺学报，34（5）：1309-1312.

于恩江，张钦，张爱华，等，2017. 贵州旱地绿肥菜豆种质资源筛选与评价［J］. 种子，36（4）：63-66.

张黎杰，周玲玲，李志强，等，2014. 菌渣复合基质栽培对日光温室黄瓜生长发育和产量品质的影响［J］. 江苏农业科学，42（3）：109-111.

张丽丽，刘德兴，史庆华，等，2018. 黄腐酸对番茄幼苗适应低磷胁迫的生理调控作用［J］. 中国农业科学，51（8）：1547-1555.

张钦，陈正刚，崔宏浩，等，2016. 贵州旱地绿肥肥田萝卜种质资源筛选与评价［J］. 种子，35（2）：58-60.

张绍刚，2011. 贵州辣椒产业发展与品种需求分析［J］. 中国蔬菜（21）：18-19.

张绍刚，龙明树，邵宇，2007. 贵州省蔬菜产业优势区域发展战略［J］. 中国蔬菜（10）：6-8.

张绍刚，张太平，龙明树，等，2008. 贵州辣椒产业及优势区域布局［J］. 中国蔬菜（11）：5-7.

张世泽，郭建英，万方浩，等，2005. 丽蚜小蜂两个品系寄生行为及对不同寄主植物上烟粉虱的选择性［J］. 生态学报，25（10）：2595-2600.

张双定，贾秀芬，郭菊梅，等，2017. 辣椒新品种娇美的选育［J］. 中国蔬菜（7）：78-80.

张永平，许爽，杨少军，等，2017. 外源亚精胺对低温胁迫下甜瓜幼苗生长和抗氧化系统的影响［J］. 植物生理学报，53（6）：1087-1096.

赵旖森，张亮，盛浩，等，2019. 辣椒疫霉病生防细菌的筛选鉴定及其防效［J］. 中国蔬菜（1）：65-69.

钟利那，2018. 基于供给侧的贵州省生态农业绩效评价［J］. 中国农业资源与区划，39（9）：268-273.

钟霈霖，王天文，1999. 贵州部分菜豆品质分析及利用评价 [J]. 种子 (3)：62-63.

周晨楠，施晓梦，袁颖辉，等，2012. 外源亚精胺对 Ca(NO₃)₂ 胁迫下番茄幼苗光合特性和抗氧化酶活性的影响 [J]. 西北植物学报，2 (3)：498-504.

周清，李保同，汤丽梅，等，2014. 大蒜素对辣椒炭疽病和辣椒疫病病菌的室内抑制活性测定及田间防效研究 [J]. 草业学报，23 (3)：262-268.

Belbin F E, Hall G J, Jackson A B, et al, 2019. Plant circadian rhythms regulate the effectiveness of a glyphosate-based herbicide [J]. Nature Communications (10)：3704.

Douglas K Bardsley, Annette M, 2014. Bardsleyorganising for socio-ecological resilience: The roles of the mountain farmer cooperative genossenschaftgran alpin in graubünden, Switzerland [J]. Ecological Economics (98)：11-21.

Guo H, Fang J, Zhong W, et al, 2013. Interactions between *meteoruspulchricornis* and *spodopteraexigua* multiple nucleopolyhedrovirus [J]. Journal of Insect Science, 13 (12)：1-12.

Gutiérrez-Moreno R, Mota-Sanchez D, Blanco C A, et al, 2019. Field-evolved resistance of the fall armyworm (Lepidoptera: Noctuidae) to synthetic insecticides in Puerto Rico and Mexico [J]. J Econ Entomol, 112 (2)：792-802.

Kang B R, Han J H, Kim J J, et al, 2018. Dual biocontrol potential of the entomopathogenic fungus, *isariajavanica*, for both aphids and plant fungalpathogens [J]. Mycobiology, 46 (4)：440-447.

Lamour K H, Atam R, Jupe J, et al, 2012. The oomycete broad - host - range pathogen *phytophthora capsici* [J]. Molecular Plant Pathology, 13 (4)：329-337.

Li J, Hu H, Mao J, et al, 2019. Defense of pyrethrum flowers: repelling herbivores and recruiting carnivores by producing aphid alarm pheromone [J]. New Phytologist (223)：1607-1620.

Li W, Wang L, Jaworski C C, et al, 2019. The outbreaks of nontarget mirid bugs promote arthropod pest suppression in bt cotton agroecosystems [J]. Plant Biotechnology Journal (14)：1-3.

Li Y, Mao M, Li Y, et al, 2011. Modulations of high-voltage activated Ca²⁺ channels in the central neurones of *Spodopteraexigua* by chlorantraniliprole [J]. Physiological Entomology, 36 (3)：230-234.

Ma D, Zhu J, He L, et al, 2018. Baseline sensitivity and control efficacy of tetramycinagainst *phytophthora capsici* isolates in China [J]. Plant Disease (102)：863-868.

Sandhu J S, Nayyar S, Kaur A, et al, 2019. Foot rot tolerant transgenic rough lemon root stock developed through expression of β-1, 3-*glucanase* from *trichoderma* spp. [J].

Plant Biotechnology Journal (17): 2023 – 2025.

Sang M K, Kim K D, 2012. The volatile – producing *flavobacterium johnsoniae* strain gse09 shows biocontrol activity against *phytophthora capsici* in pepper [J]. Journal of Applied Microbiology, 113 (2): 383 – 398.

Sopheareth M, Chan S, Naink K W, et al, 2013. Biocontrol of late blight (*Phytophthora capsici*) disease andgrowth promotion of pepper by *burkholderiacepacia* MPC – 7 [J]. The Plant Pathology Journal, 29 (1): 67 – 76.

Su P, Tan X, Li C, et al, 2017. Photosynthetic bacterium *Rhodopseudomonaspalustris* GJ –22 induces systemic resistance against viruses [J]. Microbial Biotechnology, 10 (3): 612 – 624.

Wang Y, Sun Y, Zhang Y, et al, 2016. Antifungal activity and biochemical response of cuminic acid against *phytophthora capsic* Leonian [J]. Molecules, 21 (6): 756 – 775.

Zhu Y C, Blanco C A, Portilla M, et al, 2015. Evidence of multiple/cross resistance to bt and organophosphate insecticides in Puerto Rico population of the fall armyworm, *spodoptera frugiperda* [J]. Pestic Biochem Physiol (122): 15 – 21.

Özyilmaz Ü, Benlioglu K, 2013. Enhanced biological control of phytophthora Blight of pepper by biosurfactant – producing *pseudomonas* [J]. The Plant Pathology Journal, 29 (4): 418 – 426.